国家级实验教学示范中心联席会
计算机学科组规划教材

软件工程理论与实践

廉龙颖 王海玲 韩娜 刘兴丽 编著

U0230286

清华大学出版社

北京

内 容 简 介

本书分为两部分,共12章。第1部分理论知识包括第1～11章,以软件开发流程为主线,分别从结构化方法和面向对象方法两方面进行阐述。将"高校财务问答系统"进行拆分,作为软件工程概述、可行性研究、软件需求工程、结构化分析、结构化设计、面向对象分析与设计、软件实现、软件测试等章节的应用案例。第2部分实践案例包括第12章,以"学生选课系统"和"民主测评系统"为案例,用于学生对软件工程生命周期全流程知识进行梳理和实践。

本书知识结构完整、理论实践结合、习题丰富多样、配套资源全面、案例贯穿全书,可以很好地帮助读者掌握软件工程的基本概念、原理和方法。本书既可作为全国高等学校计算机和软件相关专业的教材,也可作为软件从业人员的学习指导用书。

图书在版编目(CIP)数据

软件工程理论与实践/廉龙颖等编著. —北京:清华大学出版社,2024.5
国家级实验教学示范中心联席会计算机学科组规划教材
ISBN 978-7-302-66081-1

Ⅰ.①软…　Ⅱ.①廉…　Ⅲ.①软件工程-高等学校-教材　Ⅳ.①TP311.5

中国国家版本馆 CIP 数据核字(2024)第 072561 号

责任编辑:陈景辉
封面设计:刘　键
责任校对:刘惠林
责任印制:刘　菲

出版发行:清华大学出版社
　　　　网　　　址:https://www.tup.com.cn,https://www.wqxuetang.com
　　　　地　　　址:北京清华大学学研大厦 A 座　　　　　邮　　编:100084
　　　　社 总 机:010-83470000　　　　　　　　　　　邮　　购:010-62786544
　　　　投稿与读者服务:010-62776969,c-service@tup.tsinghua.edu.cn
　　　　质量反馈:010-62772015,zhiliang@tup.tsinghua.edu.cn
　　　　课件下载:https://www.tup.com.cn,010-83470236
印 装 者:三河市科茂嘉荣印务有限公司
经　　销:全国新华书店
开　　本:185mm×260mm　　　　　印　　张:16.5　　　　字　　数:400 千字
版　　次:2024 年 6 月第 1 版　　　　　　　　　　　印　　次:2024 年 6 月第 1 次印刷
印　　数:1～1500
定　　价:49.90 元

产品编号:104024-01

前 言

随着计算机技术的快速发展，软件在各领域的应用越来越广泛。软件系统开发的复杂度也在不断增加，这使得软件开发面临着巨大的挑战。为了应对这些挑战，软件工程应运而生，旨在研究、探索和总结软件开发的规律，提高软件开发的效率和质量。经过几十年的发展，软件工程已经形成了一套完整的理论体系和实践方法。随着云计算、大数据、人工智能等新技术的不断发展，软件工程将面临更加复杂和多元的挑战。未来的软件工程方法和工具也将不断更新和演进，以适应时代的发展需求。

本书主要内容

本书通过系统地介绍软件工程的基本概念、原理和方法，旨在帮助读者更好地理解软件开发过程，掌握软件工程的核心技能。通过学习本书，读者可以提高自己的软件工程素养，为实际软件开发项目提供指导和支持。

本书作为教材使用时，建议理论授课学时为 40 学时，课程设计实践学时为 2 周。各章学时建议分配如下，教师可以根据实际的教学情况进行调整。

章	内　容	学　时
第 1 章	软件工程概述	2
第 2 章	可行性研究	2
第 3 章	软件需求工程	2
第 4 章	结构化分析	8
第 5 章	结构化设计	6
第 6 章	面向对象方法学与 UML	2
第 7 章	面向对象分析与设计	8

续表

章	内　容	学　时
第 8 章	软件实现	2
第 9 章	软件测试	4
第 10 章	软件维护	2
第 11 章	软件项目管理	2
第 12 章	综合实践案例	2 周

本书特色

（1）知识结构完整。

本书系统地介绍软件工程的基本概念、原理和方法，涵盖软件需求分析、设计、实现、测试、维护等各阶段。同时，本书还包括软件工程的实践经验和相关案例，以帮助读者更好地理解和应用软件工程知识。

（2）理论实践结合。

本书强调理论与实践的结合，帮助读者掌握软件工程的基本原理，并能够在实际项目中灵活运用。此外，本书提供一些实践性的习题和真实的项目案例，让读者在实践中不断巩固和提高软件工程知识。

（3）习题丰富多样。

全书各章节配备了丰富的标准化习题，并将全部习题和答案整理成文档作为教材资源，便于教师教学和考试。

（4）配套资源全面。

为适应教学模式和教学方法的改革，本书提供完备的配套资源，包括专业认证版教学大纲、思政案例设计、案例源码和开发文档、习题集和答案等。

（5）案例贯穿全书。

本书以一个“高校财务问答系统”作为软件工程概述、可行性研究、软件需求工程、结构化分析、结构化设计、面向对象分析与设计、软件实现、软件测试等章节的应用案例贯穿全书。读者可以跟随案例的进展，逐步完成各任务，提高自己的实践能力。

配套资源

为便于教与学，本书配有源代码、教学课件、教学大纲、教学进度表、教案、习题题库、期末试卷及答案、开发文档。

（1）获取源代码和开发文档方式：先刮开并用手机版微信 App 扫描本书封底的文泉云盘防盗码，授权后再扫描下方二维码，即可获取。

源代码

开发文档

（2）其他配套资源可以扫描本书封底的"书圈"二维码，关注后回复本书书号，即可下载。

读者对象

本书主要面向广大从事软件开发的专业人员，从事高等教育的专任教师，高等学校师生及相关领域的广大科研人员。

本书第 1～5 章由廉龙颖编写，第 6～9 章由王海玲编写，第 10～11 章由韩娜编写，第 12 章由刘兴丽编写。本书编写过程中参阅了大量文献，无法一一列举，在此一并向作者表示衷心感谢。

限于作者水平和时间仓促，书中难免存在疏漏之处，欢迎广大读者批评指正。

作 者

2024 年 3 月

目 录

第 1 部分 理 论 知 识

第 2 部分 实 践 案 例

第 **1** 部分

理 论 知 识

PART *1*

第 1 章

软件工程概述

CHAPTER 1

软件工程是指导计算机软件开发和维护的工程学科。软件工程的目标是在规定的时间和费用内,开发出满足用户需求的、高质量的软件产品。从工程化的角度指导软件的研发、维护和管理全过程,对提高信息化发展水平具有重要的作用。

教学目标:

(1) 理解软件和软件工程的相关概念;

(2) 了解软件工程的发展历程;

(3) 理解软件的生命周期及阶段任务;

(4) 掌握常用的软件过程模型,能够根据实际软件项目选择较合适的开发模型。

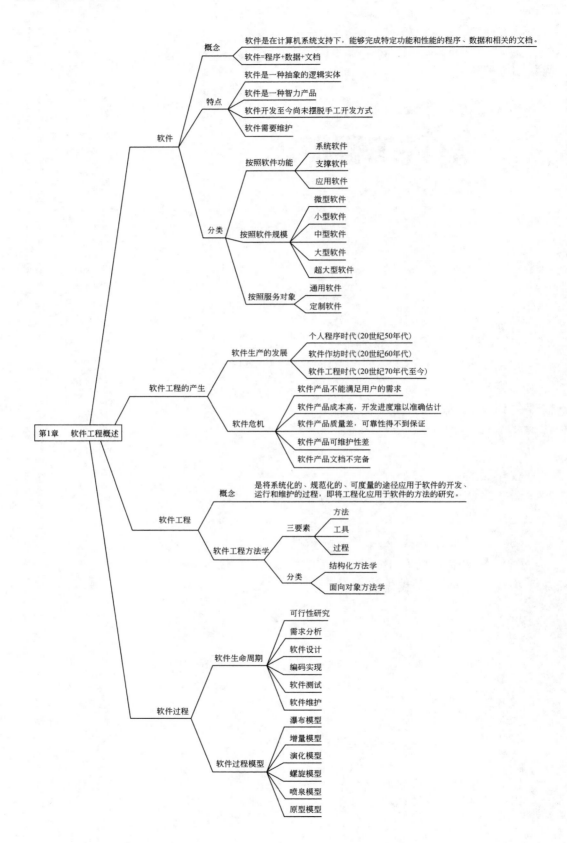

1.1　软件

1.1.1　软件的概念

软件是用户与计算机系统硬件之间的接口,用户主要通过软件与计算机进行交流。在计算机发展早期,软件被等同于程序。随着计算机技术的发展和软件应用规模的扩大,软件由程序发展成为产品。

计算机科学对计算机软件的定义是"软件是在计算机系统支持下,能够完成特定功能和性能的程序、数据和相关的文档"。软件可以形式化地表示如下:

$$软件＝程序＋数据＋文档$$

程序是能够完成预定功能的、可执行的指令序列;数据是程序能够操作的信息;文档是开发、使用和维护程序所需要的阐明性资料。

1.1.2　软件的特点

软件的特点主要表现在以下 4 方面。

(1) 软件是一种抽象的逻辑实体。软件是计算机系统中的逻辑成分,相对于硬件的有形物理特征,软件是抽象的,具有无形性。

(2) 软件是一种智力产品。软件是通过人类智力活动,把知识与技术转化为信息的一种产品,是在研制、开发中被创造出来的,而不是单纯的体力制造。

(3) 软件开发至今尚未摆脱手工开发方式。虽然软件产业正在向基于构件的组装前进,但大多数软件仍然是定制的,这使得软件的开发效率受到很大的限制。

(4) 软件需要维护。软件在使用过程中虽然不像硬件会出现磨损和老化的问题,但需要对软件进行维护。软件需要通过不断维护、改善或增加新功能,来提高软件的稳定性和可靠性。

1.1.3　软件的分类

软件可以从多个不同的角度来划分类别。软件分类示意图如图 1-1 所示。

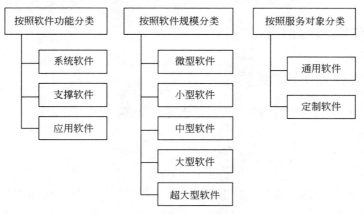

图 1-1　软件分类示意图

1. 按照软件功能分类

（1）系统软件：用于管理系统的各种资源、控制程序执行的软件。系统软件居于计算机系统中最靠近硬件的一层，其他软件一般都通过系统软件发挥作用，如操作系统和编译程序等。

（2）支撑软件：用于协助用户开发与维护系统的一些工具性软件，如数据库和各种接口软件等。

（3）应用软件：用于为最终用户提供特定应用领域服务的软件，如高校教务系统和各类 App 等。

2. 按照软件规模分类

通常按照表 1-1 所示的开发人员数量、开发周期和代码规模进行分类。但随着信息化发展水平的不断提高，各类别指标也在不断发生变化。

表 1-1　软件规模分类

分　类	开发人员数量	开发周期	代码规模
微型软件	1 人	1 周～4 周	不超过 500 行
小型软件	1 人～2 人	1 月～6 月	不超过 2000 行
中型软件	5 人～10 人	1 年～2 年	不超过 5000 行
大型软件	10 人～100 人	2 年～3 年	不超过 10 万行
超大型软件	100 人以上	3 年以上	10 万行以上

3. 按照服务对象分类

（1）通用软件：由软件开发机构开发出来的直接提供给市场的软件。这类软件通常由软件开发机构自主进行市场调研确定软件需求，如操作系统、办公软件等。

（2）定制软件：受某个或少数几个特定客户的委托，由软件开发机构在合同的约束下开发出来的软件。这类软件通常由用户进行软件需求描述，如为某高校定制的教务系统等。

1.2　软件工程的产生

1.2.1　软件生产的发展

纵观软件的发展，软件生产经历了三个发展时代，即个人程序时代、软件作坊时代和软件工程时代。软件发展如图 1-2 所示。

1. 个人程序时代（20 世纪 50 年代）

个人程序时代是软件发展的早期时代，计算机主要应用于科研机构的科学计算，软件是为某种特定型号的计算机设备而专门配置的程序。这一时期的特点是硬件价格非常昂贵，

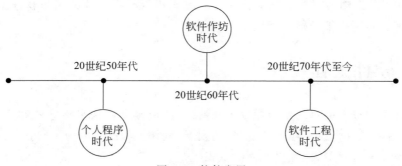

图 1-2 软件发展

软件完全作为硬件的附属。软件开发人员主要使用机器语言和汇编语言,负责程序的开发、运行和维护的全过程。

2. 软件作坊时代(20 世纪 60 年代)

随着计算机应用范围的不断扩大,以及系统数量的不断增长,个人生产方式已经不能适应社会发展的需求,而是需要多人分工合作,共同完成一个程序的编制,需要对项目开发进行管理,即出现了"软件作坊生产方式"。这一时期,出现了若干高级程序设计语言,软件已经开始成为产品。随着软件规模的不断扩大,"软件危机"现象在这个时期最终爆发出来,即软件开发的质量、效率等均不能满足应用的需求。

3. 软件工程时代(20 世纪 70 年代至今)

为了解决软件危机,北大西洋公约组织于 1968 年首次提出"软件工程"这一概念,使软件发展步入一个新的时代。软件工程涉及程序设计语言、软件开发工具、设计模式等多方面。采用工程的原理、技术和方法实施软件产品开发,以适应软件产业化发展的需求,成为这个时期软件企业追求的目标。

1.2.2 软件危机

软件危机是指在软件开发和软件维护过程中所遇到的一系列问题。软件危机主要包含两方面的问题:一是如何开发软件以满足社会对软件日益增长的需求;二是如何维护数量不断增长的已有软件。软件危机的主要表现有如下 5 方面。

(1)软件产品不能满足用户的需求。这主要由于软件应用范围越来越广,很多应用领域往往是软件开发人员不熟悉的,加之软件开发人员对用户需求的理解存在差异,导致软件产品的功能或特性与需求不符。

(2)软件产品成本高,开发进度难以准确估计。软件产品往往不能在预算范围之内、按照计划如期完成。因而,软件开发成本和进度都与原先的估计相差太大。

(3)软件产品质量差,可靠性得不到保证。由于缺少完善的软件质量评审体系,或者软件质量保证技术没有应用到软件开发的全过程,导致软件产品存在诸多质量问题。

(4)软件产品可维护性差。由于软件开发时不注意程序的可读性,不重视程序的可维护性,程序中存在的错误很难改正。因此软件需求发生变化时,维护相当困难。

（5）软件产品文档不完备。由于软件开发时文档资料不全或文档与软件不一致，给软件的开发和维护等工作带来很多麻烦。

🔑 1.3 软件工程

提出软件工程概念的目的是倡导以工程的原理、原则和方法来指导软件开发人员进行软件开发，以解决软件危机。经过 50 多年的发展，软件工程已经成为一门独立的学科，人们对软件工程也逐渐有了更科学、更全面的认识。

1.3.1 软件工程的概念

软件工程是将系统化的、规范化的、可度量的途径应用于软件的开发、运行和维护的过程，即将工程化应用于软件的方法的研究。

1.3.2 软件工程方法学

软件工程方法学是编制软件的系统方法，它确定软件开发的各个阶段，规定每一阶段的活动、产品、验收的步骤和完成准则。

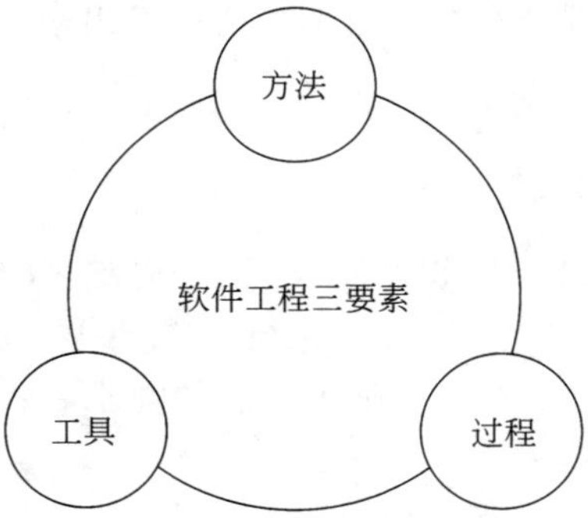

软件工程有方法、工具和过程三个要素，如图 1-3 所示。方法是指完成软件开发任务的技术方法；工具是指为方法的运用提供自动或半自动的软件支撑环境；过程是指完成任务的工作步骤、工作内容、产品验收步骤和完成准则。

目前使用最广泛的软件工程方法学可以分为结构化方法学和面向对象方法学两类。在实际工作中，软件开发人员可以根据具体情况，选择不同的软件开发方法，也可以将不同的方法结合起来，从而提高软件开发效率和质量。

图 1-3 软件工程三要素

1. 结构化方法学

结构化方法被称为传统的软件工程开发方法。结构化方法也可称为面向功能的软件开发方法或面向数据流的软件开发方法。结构化方法采用自上向下、逐步求精的指导思想，把软件开发工作划分成若干个阶段，每个阶段相对独立，且在每个阶段结束时要进行严格的技术审查和管理复审。结构化方法的优点是开发步骤明确、简单实用、相应的支持工具较多、技术成熟；缺点是难以解决软件重用问题，难以适应需求变化的问题，难以彻底解决维护问题，因此，该方法不适用于规模较大以及特别复杂的软件项目。

2. 面向对象方法学

面向对象方法被称为现代的软件工程开发方法。面向对象方法学是在结构化方法学的基础上发展起来的。面向对象方法采用自底向上和自顶向下相结合的方法,以对象建模为基础,运用对象、类、消息传递、继承、封装等概念来构造软件产品。面向对象方法的优点是易于设计、开发和维护,缺点是较难掌握。

1.4 软件过程

任何事物都有一个从产生到消亡的过程,这个过程就是一个生命周期。软件过程也称为软件生命周期,它是软件工程方法学的三个要素之一。国际标准化组织 ISO 将软件过程定义为"把输入转化为输出的一组彼此相关的资源和活动"。软件过程是为了获得高质量软件所需要完成的一系列任务的框架,它规定了完成各项任务的工作步骤。软件过程必须科学、合理才能获得高质量的软件产品。

1.4.1 软件生命周期

软件生命周期,也称为软件生存周期,是软件工程最基础的概念。软件生命周期是指一个软件从提出开发要求开始直到该软件报废为止的整个时期。把整个生命周期划分为若干阶段,使得每个阶段有明确的任务,使规模大、结构复杂和管理难度大的软件开发变得容易控制和管理。

在传统的软件工程中,软件产品的生命周期一般可以划分为可行性研究、需求分析、软件设计、编码实现、软件测试和软件维护这 6 个阶段。传统软件生命周期如图 1-4 所示。在实际软件项目中,可以根据开发软件的规模、种类和技术等,对各阶段进行必要的合并、分解或补充。

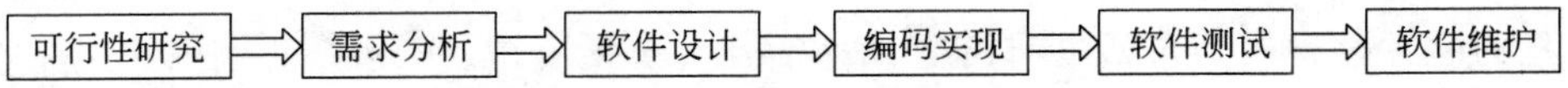

可行性研究 ⟹ 需求分析 ⟹ 软件设计 ⟹ 编码实现 ⟹ 软件测试 ⟹ 软件维护

图 1-4 传统软件生命周期

1. 可行性研究

可行性研究是对准备开发的软件项目的可行性进行风险评估。一般从技术可行性、经济可行性和操作可行性等方面进行分析,并形成可行性研究报告,由此决定软件项目是否继续进行。

2. 需求分析

需求分析是一个复杂的过程,其成功与否直接关系到软件开发的成败。需求分析以用户需求为基本依据,从功能、性能、操作等多方面,给出软件完整的和准确的描述,从而形成软件需求规格说明书。

3. 软件设计

软件设计就是把需求规格说明书中描述的功能可操作化,它可以分为概要设计和详细设计两个阶段。概要设计旨在建立系统的总体结构,主要体现在模块的构成与模块接口两方面,形成概要设计说明书。详细设计以概要设计为依据,确定每个模块的内部细节,并形成详细设计说明书,为编码实现阶段提供最直接的依据。

4.编码实现

编码实现就是把详细设计文档中对每个模块的算法描述转换为使用某种程序设计语言实现的程序。在编码实现过程中,必须遵守一定的标准和规范,这样可以提高代码的质量,并且便于后期维护。

5.软件测试

软件测试一般可以分为单元测试、集成测试、确认测试、系统测试和验收测试等。通过软件测试可以发现软件中存在的缺陷,保证软件产品的质量。

6.软件维护

软件产品交付后,还需要进行长期的软件维护。软件的维护过程,也是软件的功能更新、版本升级的过程。通常情况下,软件产品的质量越高,进行维护的工作量越小。

1.4.2   软件过程模型

为了使软件生命周期中的各项任务能够有序地按照规程进行,需要一定的工作模型对各项任务给以规程约束,这样的工作模型被称为软件过程模型。ISO 12207标准将软件过程模型定义为:一个包括软件产品开发、运行和维护中有关过程、活动和任务的框架,这些过程、活动和任务覆盖了从该软件的需求定义到软件使用终止的全过程。

常见的软件过程模型包括瀑布模型、增量模型、演化模型、螺旋模型、喷泉模型、原型模型等。这些软件过程模型有其各自的优缺点和适用领域。在具体的软件项目开发过程中,可以选用某种软件过程模型,按照某种开发方法,使用相应的工具进行开发。

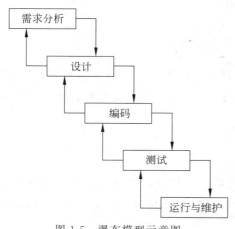

图 1-5   瀑布模型示意图

1.瀑布模型

瀑布模型是20世纪80年代之前最受推崇的软件开发模型。瀑布模型明确规定了自上而下、相互衔接的固定的基本活动。开发人员必须等前一阶段的任务完成后,才能进行后一阶段的工作,因此,它是一种线性顺序模型,具有不可回溯性。瀑布模型示意图如图1-5所示。它的优点是模型简单、容易执行;缺点是无法适应需求变更。瀑布模型适用于开发人员可以一次性获得全部需求,并且需求不发生或者发生很小变化的软件项目。

2. 增量模型

增量模型也称为渐增模型。增量模型把待开发的软件系统模块化,将每个模块作为一个增量组件,先选择一个或几个关键模块,建立一个不完全的系统,再分批次地分析、设计、编码和测试这些增量组件。增量模型是对瀑布模型的改进,开发人员不需要一次性地把整个产品交给用户,而是可以分批次进行提交,使系统逐步得到扩充和完善,直到用户对软件满意为止。增量模型示意图如图 1-6 所示。增量模型的优点是以增量组件为单位进行开发,降低了软件开发的风险,同时开发顺序也比较灵活。但是,如果待开发的软件很难被模块化,那么会给增量开发带来很多麻烦。

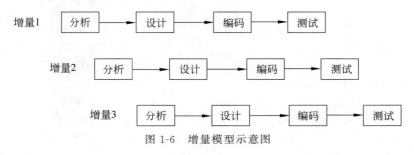

图 1-6　增量模型示意图

3. 演化模型

演化模型是一种有弹性的过程模型,它由一些小的开发步骤组成,每一步历经需求分析、设计和实现,然后产生软件产品的一个增量。演化模型示意图如图 1-7 所示。通过多次迭代,完成最终软件产品的开发。

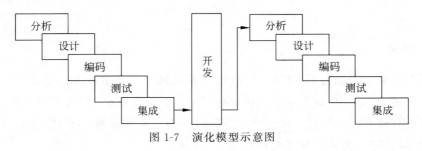

图 1-7　演化模型示意图

4. 螺旋模型

瀑布模型要求在软件开发的初期就完全确定软件的需求,但是,在很多情况下是做不到的,螺旋模型试图克服瀑布模型的这一缺点。螺旋模型将瀑布模型与演化模型结合起来,加入了两种模型均忽略的风险分析,弥补了这两种模型的不足。螺旋模型把软件开发过程设计为逐步细化的螺旋周期序列,每经历一个周期,系统就细化和完善一些。螺旋模型示意图如图 1-8 所示。它的优点是将风险分析扩展到各个阶段中,大幅度降低了软件开发的风险。但是这种模型的控制和管理较为复杂,可操作性不强,对项目管理人员的要求较高。

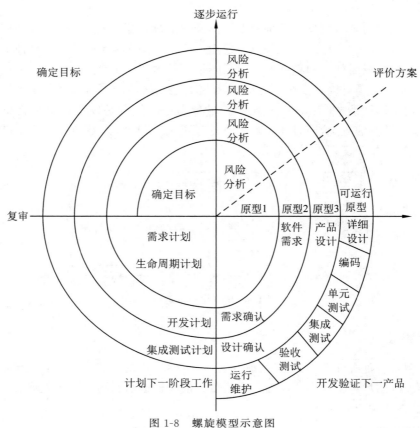

图 1-8　螺旋模型示意图

5. 喷泉模型

喷泉模型是典型的面向对象软件开发模型,着重强调不同阶段之间的重叠。喷泉模型是一种以用户需求为动力,以对象作为驱动的模型。喷泉模型示意图如图 1-9 所示,它的开发过程具有迭代性和无间隙性。迭代性是指各阶段需要多次重复;无间隙性是指各个阶段之间没有明显的界限,常常在时间上相互交叉且并行进行。

6. 原型模型

原型模型也称为快速原型模型,它是指快速开发一个可以运行的原型系统。原型系统完成的功能一般是用户需求的主要功能,也是最终软件产品能够完成功能的一个子集。原型模型是目前比较流行的实用开发模型,原型模型示意图如图 1-10 所示。原型模型虽然需要额外花费一些成本,但是可以尽早获得更符合需求的模型,从而减少由于软件需求不明确带来的开发风险。对原型模型的一般性用法是,将原型模型与其他模型结合使用,把原型模型用作需求分析的工具。

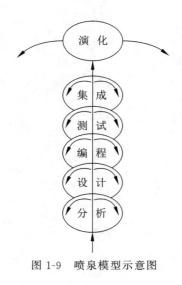

图 1-9 喷泉模型示意图

图 1-10 原型模型示意图

1.5 应用案例——高校财务问答系统项目实施方案

1.5.1 项目描述

1. 项目名称

软件项目需求方：黑龙江某大学。
软件项目设计方：黑龙江某大学研究所师生团队。
软件项目名称：高校财务问答系统。
软件当前版本：V1.0。

2. 项目简介

高校财务问答系统作为学校信息化建设的一个平台，拟为全校教师提供随时随地的业务咨询服务。高校财务问答系统，分为用户端和管理端。用户端是手机端子系统，主要用于用户问答，主要包括查询问题、查看答案、反馈问题等功能。管理端是 PC 端子系统，主要用于财务问答相关数据的后台管理，主要包括用户管理、教职工管理、类别管理、问题管理、统计管理和反馈管理等功能。

1.5.2 项目实施组织体系

为更好地完成高校财务问答系统项目，建立项目组，项目组由甲乙双方人员共同构成。组织体系如图 1-11 所示。
项目组具体职责分工如表 1-2 所示。

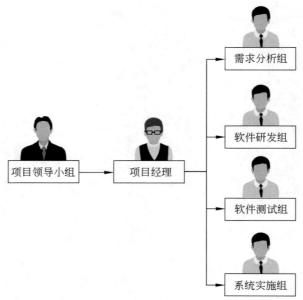

图 1-11   组织体系

表 1-2   职责分工表

组　　别	工　作　职　责
项目领导小组	负责对项目整体实施及运维工作的管控,制订项目总体实施方案及工作计划,跟踪管控项目实施进度、过程及质量情况,管理维护项目交付成果,制定及落实工作制度,对实施质量进行评价,组织协调各部门解决系统实施支持过程中出现的问题
项目经理	负责对本项目的质量、进度、资源进行总体控制,管理系统开发和项目实施,对项目现场服务和满意度进行综合管理,对项目组人员进行相关考核,对重大问题及时向项目领导小组汇报
需求分析组	负责进行需求搜集,并进行分析、设计,形成系统需求报告,作为系统开发和测试的依据,在系统上线后,配合各级应用人员进行功能验证
软件研发组	负责系统架构、技术验证、软件编码等工作
软件测试组	负责按照设计报告进行单元测试、集成测试等工作
系统实施组	负责项目实施工作包括环境准备、测试、安装配置、培训、数据整理维护、问题收集与跟踪等

项目组成员组成及岗位职责如下。

(1) 项目负责人:负责项目的管理和组织,对技术、进度、质量全面负责。

(2) 分析人员:主要负责本项目的需求分析工作。

(3) 设计人员:主要负责本项目的设计工作。

(4) 编程人员:按设计要求和有关标准进行编程工作。

(5) 测试人员:负责单元测试、集成测试和系统测试工作。

(6) 文档人员:负责本项目有关文档的编写工作。

(7) 产品经理:协助进行产品研制计划制订、产品发布与产品推广等。

1.5.3　项目实施流程

对于高校财务问答系统项目,从可行性研究到产品交付整个生存周期流程分为下面 5 个阶段。

1. 可行性研究阶段

根据产品规划和市场需求,各部门负责人指定人员进行前期调研工作,可行性研究负责人员对产品的市场需求、技术发展、市场定位、功能需求、经济效益、进度需求、风险分析等进行可行性研究,提供产品立项建议,拟制可行性研究报告。可行性研究结束后由项目领导小组对可行性研究报告进行评审,评审通过后,项目负责人组织进行立项工作。

本阶段提交的文档: 项目可行性研究报告。

质量记录: 可行性研究评审报告。

2. 立项阶段

可行性研究评审通过后,由研发组下达立项任务,指定相关人员填写立项申请报告并报批。批准立项后项目进度应以立项申请报告中的阶段进度为准,如果进度要调整,需填写进度调整申请报告并报批。

本阶段提交的文档: 项目立项申请报告、开发任务书。

3. 需求分析阶段

在本阶段,由产品经理负责,其他人员配合,编写产品规格说明书,此说明书面向最终用户,主要描绘产品的功能和性能。由项目经理负责编写系统技术方案书,描述公司初次使用技术的详细解决方案。本阶段完毕后对需求分析进行评审,出具需求分析评审报告。

本阶段提交的文档: 软件需求规格说明书、原型分析说明书、产品规格说明书、系统技术方案书。

提交的软件: 产品的原型。

4. 开发策划阶段

根据项目要求和软件需求,由项目经理编写本项目的质量保证计划和项目综合计划。在项目综合计划中,应列明本项目需提交的各阶段文档的名称。在项目各阶段完成后,项目组需列表说明要移交的文档,并将此表与文档一并向项目领导小组移交。

本阶段提交的文档: 软件质量保证计划和项目综合计划。

5. 设计阶段

(1)概要设计。根据软件需求规格说明书建立软件总体结构和模块间的关系,确定各模块功能,定义各功能模块的接口,设计全局数据库和数据结构,在概要设计明确后,可以对综合计划进一步细化,填写项目进度计划表。

(2)详细设计。对概要设计中产生的功能模块进行过程描述设计。设计功能模块的内部细节包括算法和数据结构,为编写源代码提供必要的说明。

（3）编码实现阶段。根据软件详细设计说明，对各程序模块进行编码、调试、静态分析和单元测试，验证程序单元与设计说明的一致性。

（4）测试阶段。根据软件单元测试计划，依照将经过单元测试的底层程序单元逐步组装成子项目直到开发项目的过程，对软件进行测试。

（5）验收交付。对完成测试的软件进行检查、审查和评审，确定软件是否达到了软件任务书的要求。

（6）软件维护。对软件的维护包括针对软件运行过程中发现的问题而进行的改正性维护，针对不同任务对软件提出不同的需求而进行的改善性维护，以及可能出现的由于软件运行环境的改变而进行的适应性维护。

高校财务问答系统实施流程各阶段人员情况说明如表 1-3 所示。

表 1-3　人员情况说明

项目阶段	项目任务	任务描述	配备人员
项目计划	调研分析	调研分析业务需求	项目经理1人 高级工程师1人
	可行性研究	研究需求可行性及解决方案	项目经理1人 产品经理1人 高级工程师1人
	项目开发计划	编制项目开发计划	项目经理1人
需求分析	详细调研	调研数据来源及计算公式、页面风格需求、具体权限需求	项目经理1人 前端工程师1人
	需求分析	分析详细数据及计算公式，形成模块设计方案	项目经理1人 产品经理1人 前端工程师1人 测试经理1人 高级工程师1人
	需求说明书	编制项目需求文档	项目经理1人
系统设计	概要设计	对项目总体进行框架设计	项目经理1人
	详细设计	对各功能模块方法进行设计	项目经理1人 高级工程师1人
	页面设计	对页面效果进行设计	前端工程师1人
	数据库设计	对数据结构进行优化设计	数据结构设计1人
	软件测试计划	编制软件测试计划	测试经理1人
编码实现	前台编码		Java工程师1人
	后台编码		Java工程师1人
	用户手册	编制用户手册	项目经理1人
	操作手册	编制操作手册	项目经理1人

续表

项目阶段	项目任务	任务描述	配备人员
系统测试	单元测试	对模块功能进行单元测试	Java 工程师 1 人 测试工程师 1 人
	集成测试	对前后台进行集成测试	Java 工程师 1 人 测试工程师 1 人 项目经理 1 人 产品经理 1 人
	系统测试	对系统运行进行测试	测试工程师 1 人 项目经理 1 人 产品经理 1 人
项目验收	项目部署	部署测试版本	实施人员 2 人
	验收测试	对测试版进行运行测试	测试经理 1 人 测试工程师 2 人
	项目交付	交付项目正式上线	项目经理 1 人

1.5.4 项目进度安排

项目进度安排情况如表 1-4 所示。

表 1-4 进度安排

开发周期/天	工 作 任 务	责任人	起止时间
20	完成需求分析	项目经理	
8	完成数据库设计	Java 工程师	
30	完成功能需求	前端工程师	
3	项目整合,测试版本试运行	项目经理	
14	完成测试,项目正式上线运行	项目经理	

🔑 1.6 习题

一、填空题

1. 软件是由程序、_____ 和 _____ 3 部分组成。

2. 软件按照功能分为 _____、_____ 和 _____。

3. 软件按照服务对象分为 _____ 和 _____。

4. 软件工程有 _____、_____ 和 _____ 3 个要素。

5. 在传统的软件工程中,软件产品的生命周期一般可以划分为 _____、_____、软件设计、编码实现、软件测试和软件维护 6 个阶段。

6. 螺旋模型将 _____ 和 _____ 合起来,加入了两种模型均忽略的风险分析,弥补了这两种模型的不足。

7. _____是一个迭代无缝的模型。

8. _____本质上是一种线性顺序模型。

二、选择题

1. 软件危机的主要原因有(   )。

① 软件本身的特点   ② 用户使用不当   ③ 硬件可靠性差   ④ 对软件的错误认识
⑤ 缺乏好的开发方法和手段

  A. ③④   B. ①②④   C. ①⑤   D. ①③

2. 软件工程科学出现的主要原因是(   )。

  A. 计算机的发展   B. 其他工程科学的影响

  C. 软件危机的出现   D. 程序设计方法学的影响

3. 软件产品的生产过程主要是(   )。

  A. 制造   B. 复制   C. 开发   D. 研制

4. 有关计算机程序功能、设计、编制、使用的文字或图形资料称为(   )。

  A. 软件   B. 文档   C. 程序   D. 数据

5. 软件工程方法学的研究内容包含软件开发技术和软件工程管理两方面,其期望达到的最终目标是(   )。

  A. 软件开发工程化   B. 消除软件危机

  C. 实现软件可重用   D. 程序设计自动化

6. 由于软件生产的复杂性,使大型软件的生存出现危机,软件危机的主要表现包括了(   )方面。

  ① 生产成本过高   ② 需求增长难以满足

  ③ 进度难以控制   ④ 质量难以保证

  A. ②③   B. ①②   C. ④   D. 全部

7. 软件过程模型有多种,下列选项中,(   )不是软件过程模型。

  A. 螺旋模型   B. 增量模型   C. 功能模型   D. 瀑布模型

8. 瀑布模型的问题是(   )。

  A. 用户容易参与开发   B. 缺乏灵活性

  C. 用户与开发者易沟通   D. 适用可变需求

9. 准确地解决"软件系统必须做什么"是(   )阶段的任务。

  A. 可行性研究   B. 详细设计   C. 需求分析   D. 编码

10. 从结构化的瀑布模型看,在软件生命周期中的各个阶段,下列选项中,(   )出错,对软件的影响最大。

    A. 详细设计阶段   B. 概要设计阶段

    C. 需求分析阶段   D. 测试和运行阶段

11. 在结构性的瀑布模型中,(   )定义的标准将成为软件测试中的系统测试阶段的目标。

    A. 详细设计阶段   B. 概要设计阶段

C. 需求分析阶段　　　　　　　　　　D. 可行性研究阶段

12. 软件生存周期中时间最长的阶段是(　　)。

A. 测试阶段　　　　　　　　　　　　B. 概要设计阶段

C. 需求分析阶段　　　　　　　　　　D. 维护阶段

13. 目前存在若干软件生存周期模型,如瀑布模型、增量模型、螺旋模型和喷泉模型等。其中规定了由前至后、相互衔接的固定次序的模型是(　　)。

A. 瀑布模型　　　B. 增量模型　　　C. 喷泉模型　　　D. 螺旋模型

14. 原型化方法是用户和设计者之间执行的一种交互过程,适用于(　　)系统。

A. 需求不确定性高的　　　　　　　　B. 需求确定的

C. 管理信息　　　　　　　　　　　　D. 实时

15. 以下(　　)软件过程模型引入了"风险分析"活动。

A. 瀑布模型　　　B. 增量模型　　　C. 原型模型　　　D. 螺旋模型

三、简答题

1. 什么是软件?

2. 什么是软件危机?

3. 什么是软件工程?

四、综合题

1. 假设需要为某高校定制开发一个财务问答系统,使用该系统为全校教师提供随时随地的财务业务咨询服务。选用哪种软件过程模型?请说明选择的理由。

2. 假设第 1 题中为某高校定制开发的财务问答系统很受用户欢迎,现在软件公司决定把它重新升级为一个通用的高校财务问答系统。新版本的系统选用哪种软件过程模型?请说明选择的理由。

第 2 章

可行性研究

可行性研究是从经济、技术、法律等角度对软件项目是否可行进行详细分析,并决定最后采取的方案。

教学目标:

(1) 了解可行性研究的内容和步骤;

(2) 理解操作可行性研究与法律可行性研究的任务;

(3) 掌握技术可行性研究和经济可行性研究的方法;

(4) 能够编写小型项目的可行性研究报告。

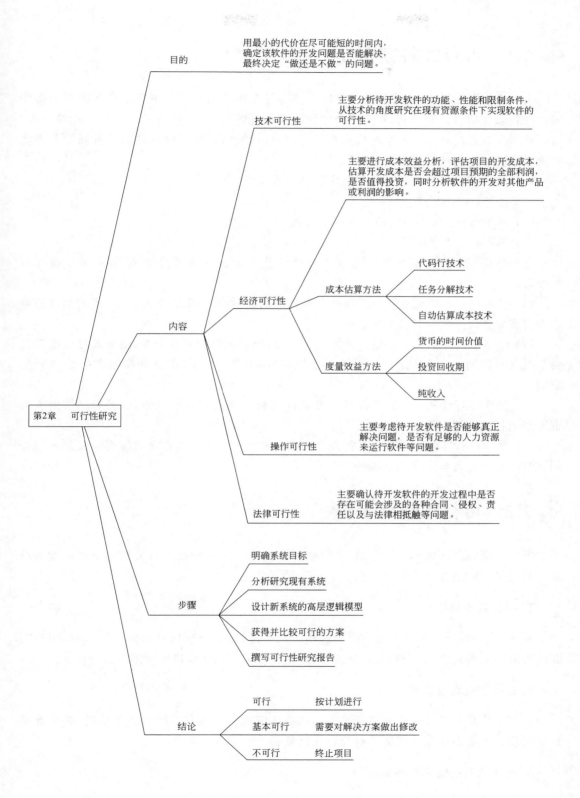

🔑 2.1　可行性研究内容

由于在实际情况中,许多软件开发问题都不能在预期的时间范围内或资源限制下得到解决,因此,在项目开始之前,首先应该评价开发软件的可行性,这一过程称为可行性研究。可行性研究的目的就是用最小的代价在尽可能短的时间内,确定该软件的开发问题是否能解决,最终决定"做还是不做"的问题。

可行性研究的结论有以下 3 种情况。

（1）可行：按计划进行。

（2）基本可行：需要对解决方案做出修改。

（3）不可行：终止项目。

可行性研究需要从多方面进行,主要包括技术可行性、经济可行性、操作可行性、法律可行性等。

（1）技术可行性研究主要分析待开发软件的功能、性能和限制条件,从技术的角度研究在现有资源条件下实现软件的可行性。

（2）经济可行性研究主要进行成本效益分析,评估项目的开发成本,估算开发成本是否会超过项目预期的全部利润,是否值得投资,同时分析软件的开发对其他产品或利润的影响。

（3）操作可行性研究主要考虑待开发软件是否能够真正解决问题,是否有足够的人力资源来运行软件等问题。

（4）法律可行性研究主要确认待开发软件的开发过程中是否存在可能会涉及的各种合同、侵权、责任以及与法律相抵触等问题。

🔑 2.2　可行性研究步骤

可行性研究的步骤不是固定的,需要根据项目的性质和特点进行分析。一般典型的可行性研究可以归纳为以下 5 个步骤。

1. 明确系统目标

在这一步,可行性分析人员需要访问相关人员,阅读和分析项目相关材料,确认用户需要解决的问题的实质,进而明确系统的目标,以及为了达到这些目标所需的各种资源。

2. 分析研究现有系统

现有系统是新系统重要的信息来源。新系统应该完成现有系统的基本功能,并在此基础上对现有系统中存在的问题进行改善或修复。

3. 设计新系统的高层逻辑模型

从较高层次设想新系统的逻辑模型可以概括地描述开发人员对新系统的理解和设想。

4. 获得并比较可行的方案

开发人员可根据新系统的高层逻辑模型提出设计软件的不同方案。在设计方案的过程中要从技术、经济等角度考虑各方案的可行性,然后从多个方案中选择出最合适的方案。

5. 撰写可行性研究报告

可行性研究的最后一步就是撰写可行性研究报告,主要包括项目简介、可行性分析过程和结论等内容。

2.3　技术可行性

技术可行性是从技术的角度对系统开发的可行性进行分析,详细分析完成软件系统的功能和性能所需要的技术、方法、算法或者过程,其中存在的开发风险以及这些技术问题对成本的影响。

技术可行性一般要考虑的情况如下。

(1) 技术。通过调查了解当前最先进的技术,分析相关技术的发展是否支持系统开发。

(2) 资源有效性。考虑是否具备用于建立系统的硬件设备、软件、开发环境等资源,以及用于开发项目的人员在技术和时间上是否存在问题。

根据技术分析的结果,项目管理人员做出是否进行系统开发的决定。如果系统开发技术风险很大,或者当前采用的技术和方法不能实现系统预期的功能和性能,项目管理人员需要做出"停止"系统开发的决定。

2.4　经济可行性

经济可行性研究也称成本效益分析。首先估算待开发软件系统的开发成本,然后与可能取得的效益进行比较和权衡。成本即项目所需的费用,包括基本建设投资和设备、操作系统和应用软件、数据库管理软件、其他一次性支出、非一次性支出等。效益包括支出的减少、速度的提高和管理方面的改进、一次性收益、非一次性收益、不可定量的收益等。

成本效益分析的第一步就是成本估算,软件开发成本主要表现为人力消耗。成本估算不是精确的科学,因此应该使用几种不同的估算方法以便相互校验。

1. 成本估算方法

(1) 代码行技术:这是最简单的定量估算方法,它把开发每个软件功能的成本和实现这个功能需要的源代码行数联系起来,一旦估算出源代码行数以后,用每行代码的平均成本乘以行数就可以确定软件开发的成本。

(2) 任务分解技术:这种方法首先把软件开发过程分解为若干个独立的任务,再分别估算每个单独任务的成本,最后累加起来得出软件开发的总成本。

例如,某个项目的开发工作量如表 2-1 所示。项目开发成本估算为 402 150 元。

表 2-1 某项目的开发工作量表

任 务	估计人力/(人·月)	人力成本/(元/人·月)	成本/元
需求分析	5	10 200	51 000
系统设计	15	9600	144 000
编码实现和单元测试	8	7950	63 600
综合测试	16.5	8700	143 550

（3）自动估算成本技术：这种方法可以减轻人的劳动，但是要有大量的经验数据和专家系统知识库作为支持。

2. 度量效益方法

成本效益分析的第二步是估算运行费用和新系统带来的经济效益。效益分为有形效益和无形效益两种。有形效益可以使用货币的时间价值、投资回收期、纯收入等指标进行度量；无形效益很难直接进行度量，主要是从性质上、心理上进行衡量。这里主要介绍有形效益方法。

（1）货币的时间价值：软件项目投资是现在的工作，效益是将来获得的，因此需要考虑货币的时间价值。通常用利率表示货币的时间价值。假设年利率为 i，投资额 P 在 n 年后的价值 F 为

$$F = P(1+i)^n$$

这就是 P 元钱存到银行 n 年后的价值。反之，如果 n 年后收入 F 元，那么这些钱现在的价值 P 为

$$P = F * (1+i)^n$$

接下来通过案例来演示，度量效益方法如例 2-1 所示。

【例 2-1】 某企业引入某软件系统来代替人工作业，每年可节省 5 万元。若软件可使用 7 年，开发系统需要花费 16 万元。

系统的货币价值如表 2-2 所示。其中设年利率是 5%，利用上面的公式，可以计算出引入软件系统后每年预计节省的货币的时间价值。

表 2-2 系统的货币价值

时间/年	第 n 年产生的效益/万元	$(1+i)^n$	第 n 年产生的效益折合成现在价值/万元	累计/万元
1	5	1.0500	4.7619	4.7619
2	5	1.1025	4.5351	9.2970
3	5	1.1576	4.3193	13.6163
4	5	1.2155	4.1135	17.7298
5	5	1.2763	3.9176	21.6474
6	5	1.3401	3.7311	25.3785
7	5	1.4071	3.5534	28.9319

（2）投资回收期：投资回收期是衡量工程价值的一个经济指标。投资回收期是指软件项目累计的经济效益等于最初投资成本时所需要的时间。投资回收期越短，说明利润获取越快，软件项目越值得投资。

例 2-1 中引入某软件系统 4 年后企业可节省 17.7298 万元，投资已全部回收，并产生盈利 1.7298 万元，那么

$$1.7298/4.1135 = 0.42$$

因此，投资回收期是 4−0.42＝3.58 年。

（3）纯收入：纯收入是衡量工程价值的另一项经济指标。纯收入指在软件的使用寿命期内累计产生的经济效益（折合成现在价值）与投资成本之差。若某项目的纯收入小于 0，则该项目是不值得投资的。

例 2-1 中引入某软件系统 7 年后，项目的纯收入预计是

$$28.9319 − 16 = 12.9319 \text{ 万元}$$

很明显，这个软件项目是值得开发的。

2.5　应用案例——高校财务问答系统可行性研究报告

2.5.1　引言

1. 编写目的

经过对该软件项目进行详细调查研究，说明技术、经济等方面的可行性，对软件开发中将要面临的问题及其解决方案进行初步设计及合理安排，并论证所选定方案的可行性。本报告经审核后，交由项目经理审查。

2. 项目背景

高校财务问答系统作为学校信息化建设的一个平台，拟为全校教师提供随时随地的业务咨询服务，教师登录后随时查询相关问题，即可获得相关答案，可不受时间、地点限制。财务问答系统从学校的实际需求出发，建成符合标准化协议、通用性强、安全可靠的系统，以提高学校信息化管理水平。

3. 参考资料（略）

2.5.2　对现有系统的分析

高校现有财务问答系统是一个 Web 系统，用户在计算机上通过浏览网页进行问题查询和获得答案。

现有系统的局限性如下。

（1）用户只能使用计算机登录系统进行财务咨询。

（2）用户如果遇到系统中没有的问题时，不能进行及时反馈。

2.5.3　所建议的系统

1.对所建议系统的说明

本系统是一个为某高校定制开发的软件产品,其主要功能如下。

(1)用户登录后可以针对财务问题进行问答。问答功能可以通过三种方式实现:通过查看相关类别的问题列表;通过"最热问题"可以直接查询问题;根据问题关键字查询问题。

(2)用户如果没有找到问题答案,系统提供"线上反馈""联系驻点会计""联系值班会计"三种方式进行反馈。

(3)管理员登录后可以对管理员信息进行添加、修改、删除。

(4)管理员可以对教职工信息进行添加、批量上传、修改、删除。

(5)管理员可以对问题类别进行添加、修改、删除。

(6)管理员可以对问题信息进行添加、批量上传、修改、删除。

(7)管理员可以查看问题查询次数等统计信息。

(8)管理员可以查看用户反馈的问题信息。

2. 改进之处

本系统改进之处如下。

(1)开发移动端软件,方便用户随时随地进行财务问题咨询。

(2)在移动端增加问题反馈功能,在管理端增加管理员查看反馈问题功能,财务管理人员可以根据用户反馈在系统中添加新问题。

2.5.4　可行性分析

1. 技术可行性分析

本系统前端使用 Vue,后端使用 SSM 框架和 MySQL 数据库进行开发。由于项目没有复杂的业务,逻辑要求简单,所以利用现有技术是完全可以达到的。

参与此项目的开发人员均具有一定的项目研发经验,对开发的相关标准、技术条件和开发环境等非常熟悉,所以具备研发此项目的技术能力。

2. 经济可行性分析

本系统将部署在学校服务器上,充分利用学校所拥有的软件条件和硬件设备,不需要其他硬件支出。本系统研发费用开支主要是人力支出,即开发人员的劳务费用。

(1)投资分析。

高校财务问答系统是专门为黑龙江××大学定制开发的软件产品,初期需要的投资如下。

① 一次性支出:软件研发费用。

② 非一次性支出：软件维护费用。

（2）收益分析。

本系统的收益表现为能够解决大部分教职工的常见财务问题，解决教职工财务业务办理中的疑惑，减少财务工作人员回答咨询问题的工作量。

（3）投资回收周期。

成本估计：软件项目研发费用为 20 000 元，每年可节省支出 5000 元。假设年利率为 3.4%。表 2-3 为将收入折算成现在系统的货币价值。

表 2-3 系统的货币价值

时间/年	第 n 年产生的效益/万元	$(1+i)^n$	第 n 年产生的效益折合成现在价值/万元	累计/万元
1	0.5	1.034	0.4836	0.4836
2	0.5	1.0692	0.4676	0.9512
3	0.5	1.1056	0.4522	1.4034
4	0.5	1.1432	0.4374	1.8408
5	0.5	1.1821	0.4230	2.2638

根据以上统计结果，5 年后可以回收成本。同时，对于高校来说，财务问答系统不仅可以提高财务部门工作效率，还可有效地促进学校信息化管理水平，因此，产生的社会效益也是非常大的。

3. 法律可行性分析

本系统开发所使用的软件、开发文档均来自于正版和开源平台，不会涉及侵权、违反国家政策和法律法规的相关内容。

4. 操作可行性分析

系统设计上应该操作简单、界面友好，搜索问题和查询答案只需要单击就可以实现。系统运行上稳定、高效和可靠。系统结构上具有可扩展性，便于后期进行升级和维护。

2.5.5 结论

经上述可行性分析，系统可以进行开发。

2.6 习题

一、填空题

1. _____的目的是用最小的代价在尽可能短的时间内确定该软件项目是否能够开发、是否值得去开发。

2. 软件工程有两种效益，它们分别是_____和_____。

3. 有形效益可以用_____、_____和_____等指标进行度量。

4. _____是指软件项目累计的经济效益等于最初投资成本时所需要的时间。

5. 项目的_____指在软件的使用寿命期内累计产生的经济效益与投资成本之差。

二、选择题

1. 可行性研究阶段最终需要提交的主要文档是( )。
   - A. 项目开发计划　　　　　　　　　　B. 可行性研究报告
   - C. 需求规格说明　　　　　　　　　　D. 软件设计说明

2. 软件的经济可行性研究主要解决( )。
   - A. 存在侵权否　　　　　　　　　　　B. 成本效益问题
   - C. 运行方式可行　　　　　　　　　　D. 技术风险问题

3. 研究开发资源的有效性是进行( )可行性研究的一方面。
   - A. 技术　　　　　B. 经济　　　　　C. 法律　　　　　D. 操作

4. 技术可行性主要解决( )。
   - A. 存在侵权否　　　　　　　　　　　B. 成本效益问题
   - C. 运行方式可行　　　　　　　　　　D. 技术风险问题

5. 研究软硬件资源的有效性是进行( )研究的一方面。
   - A. 经济可行性　　　　　　　　　　　B. 技术可行性
   - C. 法律可行性　　　　　　　　　　　D. 操作可行性

三、简答题

1. 技术可行性研究主要分析什么问题?
2. 经济可行性研究主要进行什么分析?
3. 操作可行性研究主要考虑什么问题?
4. 法律可行性研究主要确定什么问题?
5. 什么是投资回收期?

四、综合题

某高校教材管理系统开发费用为 20 000 元,预计每年节约人员开支为 10 000 元,如果年利率为 6.7%,则该项目投资回收期为多少年? 如果系统可使用 5 年,项目纯收入为多少?

第 3 章

软件需求工程

CHAPTER 3

可行性研究是要决定"做还是不做",那么需求分析就是要回答"系统必须做什么"。在软件需求分析阶段,需要把软件功能和性能的总体需求描述为具体的软件需求规格说明书,从而奠定软件开发的基础。

教学目标:
(1) 理解软件需求分析的概念和特点;
(2) 掌握需求分析的具体任务及过程;
(3) 掌握需求获取的方法;
(4) 能够编写小型项目的需求规格说明书。

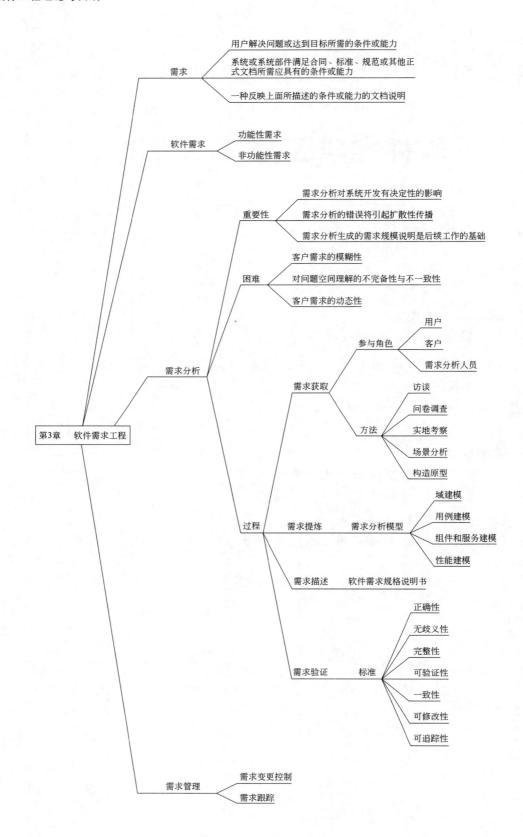

🔑 3.1　需求工程概述

需求工程在软件开发中是一个非常重要的问题。在开始设计一个软件产品之前,需要了解客户详细而具体的需求,并把它们正确地记录下来。准确而有效地获取用户需求、精确表达用户需求并得到用户认可,是软件项目开发成功的重要一步。

虽然在可行性研究阶段已经粗略地了解了用户的需求,而且提出了可行的系统方案。但是,在可行性研究阶段的目的是在短时间内确定是否存在可行的系统方案。因此,会忽略许多细节。所以可行性研究是不能代替需求分析的。

3.1.1　软件需求

1. 什么是需求

简单地说,"需求"就是用户的需要和要求,是用户对目标软件系统在功能、行为、性能、设计约束等方面的期望。IEEE 软件工程标准词汇表中对需求的定义如下。

(1) 用户解决问题或达到目标所需的条件或能力。

(2) 系统或系统部件满足合同、标准、规范或其他正式文档所需应具有的条件或能力。

(3) 一种反映上面(1)或(2)所描述的条件或能力的文档说明。

由定义可知,需求包括用户要解决的问题、达到的目标,以及实现这些目标所需要的条件,表现形式一般为文档形式。

2. 什么是软件需求

软件需求包括功能性需求和非功能性需求两部分。

(1) 功能性需求。

功能性需求主要描述软件应该做什么,即为用户或其他系统完成的功能、提供的服务。功能性需求是软件的一项基本需求,但并不是唯一的需求。

(2) 非功能性需求。

非功能性需求主要描述软件质量属性,包括易用性、可靠性、执行速度以及异常处理能力等。在决定软件的成功或失败的因素中,满足非功能性需求往往比满足功能性需求更为重要。

3. 什么是良好的软件需求

软件产品要满足用户所需就要创建良好的需求,一般良好的需求应该包含以下 9 个特性。

(1) 正确性:技术可行,内容合法,符合软件设计实际要求。

(2) 完整性:能够表达一个完整的想法。

(3) 清晰性:不易被错误理解,不模棱两可。

(4) 一致性:不与其他需求相冲突。

(5) 可追踪性:可以唯一识别并进行跟踪。

(6) 可验证性:可验证软件能够满足用户需求。

（7）可行性：可以在预期成本和计划进度内完成。

（8）模块化：可单独变更而不影响其他需求，或不会造成较大影响。

（9）独立于设计：不包括项目设计和实现的细节、计划信息等。

3.1.2 需求分析

可行性研究阶段产生的文档是需求分析阶段的出发点。需求分析是整个软件开发的基础，它完成的好坏直接影响后续软件开发的质量。需求分析阶段往往是软件开发过程中最困难的部分。需求分析阶段遇到的困难不仅仅是技术方面的，更多的是沟通和管理方面的难题。

1．什么是需求分析

需求分析是研究用户要求，以得到目标系统的需求定义的过程，即理解、分析和表达"系统必须做什么"的过程。"理解"是指尽可能准确地了解用户当前的情况和需要解决的问题；"分析"是指通过分析得出对系统完整、准确、清晰的要求；"表达"是指通过建模、规格说明描述"系统必须做什么"的过程。

2．需求分析的重要性

需求分析的工作量占整个系统开发工作量的30％左右，需求分析的重要性主要体现以下3方面。

（1）需求分析对系统开发有决定性的影响。如果将软件开发比喻为建造一座大楼，那么需求分析就是根据大楼将来的用途进行功能定调。

（2）需求分析的错误将引起扩散性传播。如果在需求阶段出现的问题，直到维护阶段才得到修正，则可能需要付出上百倍的代价。

（3）需求分析生成的需求规模说明是后续工作的基础。需求分析阶段规定了系统开发中使用的术语和需要解决的问题，软件设计、编码、测试工作都是围绕需求分析阶段的文档而展开的。

3．需求分析的困难

需求分析阶段是软件开发中最困难的阶段，在软件公司从事需求分析的人员往往是最有经验的。需求分析人员不仅需要具备技术能力，更需要有与客户进行良好沟通和互动的能力。需求分析的困难主要表现如下3方面。

（1）客户需求的模糊性。

客户往往不能很清晰地表达他们的要求。一方面，可能客户代表对业务和业务流程不完全了解，甚至不同的客户代表对同一个问题有不同的表达；另一方面，即使客户代表对业务很了解，要将他的要求准确地传达给需求分析人员不是一件容易的事。

（2）对问题空间理解的不完备性与不一致性。

需求分析人员必须完全理解目标系统要解决问题的所有细节及解决方法，才可能真正开发出客户所需要的软件。但通常情况下，需求分析人员对目标系统领域术语、工作流程等并不熟悉，客户与需求分析人员之间对同一问题理解的差异往往会给需求分析带来很大的困难。

（3）客户需求的动态性。

软件是现实世界问题及解决方法在计算机中的映射，现实世界是变化发展的，软件需求也同样是不稳定的。对于一个中型规模以上的软件而言，开发时间以月为计量单位，在开发过程中，客户的业务和业务流程都可能发生变化，则客户的需求也会相应地产生变化。

4. 需求分析的过程

需求分析主要有两个任务。首先，是需求提炼，即在充分了解需求的基础上，建立起系统的分析模型。其次，是需求分析的描述，就是把需求文档化，用软件需求规格说明书的方式把需求表达出来。一般来说，需求分析分为需求获取、需求提炼、需求描述和需求验证。需求分析过程如图 3-1 所示。

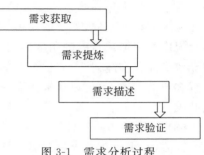

图 3-1　需求分析过程

3.2　需求获取

需求获取，也称为需求捕获，是软件开发的第一步，通过调研可获得清晰、准确的客户需求。需求获取是软件开发中最困难、最关键、最易出错及最需要交流的方面。软件需求的成功和软件开发的成功都取决于开发者是否最大限度地采纳客户的意见。需求分析人员是客户和软件开发人员之间的桥梁，而需求获取也只有通过需求分析人员与客户的合作才能成功。

3.2.1　需求获取参与角色

需求获取就是收集并明确用户需求的过程。需求获取过程中涉及各种角色的人员。需求分析人员应协调软件开发人员和领域专家共同完成需求分析过程。典型的需求获取过程中的参与角色如表 3-1 所示。

表 3-1　需求获取参与角色

角 色 名 称	描　　　述
用户	直接操作软件的人员
客户	软件开发的委托方或软件市场的目标客户
需求分析人员	负责进行需求搜集，并进行分析形成软件需求规格说明书的软件开发方工作人员

3.2.2　需求获取存在问题

在需求获取过程中经常会遇到以下 5 方面的问题。

（1）分析人员与用户的沟通问题。

由于分析人员不了解软件的业务流程，从业务逻辑到转化成软件具体实现过程中存在问题,需要通过客户的描述来了解。在很多实际开发过程中,一方面,很多客户对软件方面的知识知之甚少,对问题的描述、对目标软件的要求通常也相当模糊和零乱,在很多情况下,客户不能正确表达他们的需求。而另一方面,有的客户日常工作繁忙,他们不愿付出更多的时间和精力向需求分析人员讲解业务。

(2) 误解客户需求问题。

需求分析人员在与客户交流的过程中,经常会出现"答非所问,问非所求"的情况。二者往往从事的行业不同,涉及的知识领域也不同,在专业术语的表达上存在较大的差异,在实际交流中都习惯从自己的角度出发,使用本专业术语或语言表达方式来描述和理解问题,可能导致交流存在障碍,产生理解上的偏差,特别是对有二义性的需求,会导致需求分析人员误解客户的需求,也可以理解为需求表达比较模糊,使得双方并不能够很好地就软件需求达成共识。

(3) 需求的不确定性问题。

一方面,需求分析人员对需求把握不准,存在从某些渠道反馈回来的需求失真现象,不能完全表达客户的意愿,同时也存在客户对问题本身的表述不完整,其各方面的需求不可避免地存在矛盾的问题;另一方面,由于需求识别不全、业务发生变化、应用领域的业务不断扩展或者转移,很多客户对提出的需求一变再变,或者变动较大,给需求分析造成很大的困难。

(4) 获取方法问题。

在需求分析中,获取需求的方法比较单一,通常仅限于"问卷""面谈""实地考察"等一般性的方法,显然获取方法相当缺乏。

(5) 时间问题。

需求获取过程中经常感觉时间太紧,无法完整地获取客户的全部需求。需求的获取是一个长期过程,不是在某一规定时间段内就能完成的。

3.2.3　需求获取方法

需求获取是以相互交流为核心的,软件的需求可以来自方方面面,需求获取就是从不同的客户代表和来源收集这些需求。当进行需求获取时,需要讲究方法,同时要尽量避免受不成熟细节的影响。它不是客户需求的简单拷贝,而是一个高度合作的活动,为了完成需求分析任务,需求分析人员必须掌握需求获取方法。需求获取可以采用以下 5 种方法。

1. 访谈

为获得客户需求,最直截了当的方法就是与客户沟通探讨。采用访谈方式与客户直接沟通时,需求分析人员的主要任务是问题的设计,包括探讨功能、非功能的问题,必须把所有的讨论记录下来,同时还要做一定的调整,然后请参与讨论的客户评论并更正。

在访谈前,需求分析人员需要做好准备工作。准备工作包括对项目整体环境熟悉的准备工作和对具体业务进行调研前的准备工作。项目整体环境的熟悉工作需要了解项目的背景、项目的目的、项目的利益相关方等信息;对具体业务调研前的准备工作包括需求调研问题的准备、需求调研模板的设计、需求调研时间安排等内容。通常,与客户沟通前的准备时间要远远大于正式会面沟通的时间。一般情况下,客户与需求分析人员连续交谈两小时后,就会失去热情和耐心,这是大部分人的共同特点。所以充分的准备工作至关重要。

在进行访谈时,一定要拿出事先准备的问题列表,针对每个大的功能的每一个功能点进行提问。所提的问题需要按照以下三个原则:第一,问题应该是循序渐进的,即首先是一般性、整体性问题,然后再讨论细节性问题;第二,所提问题不应限制客户在回答过程中进行自由发挥;第三,提出的问题要覆盖客户对目标软件系统或其子系统在功能、行为、性能诸方面的要求。

通过客户对问题的回答获取有关问题及环境的知识,逐步理解客户对目标软件系统的要求。同时,要充分珍惜客户的时间,尽量避免由于准备工作不足而反复约见客户,给客户造成效率低下的印象,以免对以后的工作产生影响。

2. 问卷调查

问卷调查即把需要调查的内容制成表格交给客户填写。问卷调查的目的是用一种有组织的方式引出一个或多个人的信息。问卷调查是一种很典型的、十分有效的方法。

这种方法的优点是,它能在花费客户很少代价的情况下引出可靠的信息,同时,客户有较宽裕的考虑时间和回答时间,经过仔细考虑写出的书面回答可能比被访者对问题的口头回答更准确,从而可以得到对提出的问题较为准确细致的答案。

问卷调查由客户独立完成,需求分析人员仔细阅读收回的调查问卷后,进行评估和分析,然后再有针对性地访问一些客户,以便向他们询问在分析调查问卷时发现的新问题,澄清模糊或不完整的答案。

采用问卷调查方法的关键是调查问卷的设计。在开发的早期,客户与开发者之间缺乏共同语言,客户可能对表格中的内容存在理解上偏差。因此调查问卷的设计应简洁、易懂、易填写,同时还要注意客户的特点和调查的策略。表 3-2 是高校财务问答系统的一张问卷调查表。

表 3-2　高校财务问答系统问卷调查表

编　号	提　出　问　题
1	您在财务部门负责哪些方面的工作?
2	工作中处理教职工财务问题咨询时特别麻烦的事情是什么?
3	您认为可采取哪些办法提高工作效率、节省工作时间?
4	财务部门已有的相关业务问题答案是视频、文档、图片,还是其他文件?
5	遇到暂时回答不了的财务业务问题如何解决?具体的解决方式有哪些?
6	有哪些财务业务问题是教职工经常咨询的?
7	财务业务问题是否分类?具体可以分成哪些类?
8	您希望财务问答系统解决哪些问题?

3. 实地考察

除了访谈和问卷调查,还有一种行之有效的需求获取方法,就是需求分析人员到客户工作现场,实际观察客户的手工操作过程或者现场观察已在运行的系统。经验证明,与客户面谈关于他们如何完成任务时会有许多限制和不准确性,而这是实地考察可以直接解决的。特别是对于某些业务中普遍接受的规则和方法,客户认为需求分析人员也应理所当然知道,而不曾提到时。需求分析人员要站在客户的角度帮助客户分析需求,关注客户工作的每个细节,搞清客户的真实需求,以尽可能地减少后期的需求变更。

在实际观察过程中,需求分析人员必须注意,系统开发的目标不是手工操作过程的模拟,还必须考虑最好的经济效益、最快的处理速度、最合理的操作流程、最友好的用户界面等因素。因此,需求分析人员在接受客户关于应用问题及背景知识的同时,应结合自己的软件开发和软件应用经验,主动地剔除不合理的客户需求,从系统角度改进操作流程或规范,提出新的潜在的客户需求。这些需求虽然暂时未被客户注意到,但对软件未来的应用给予前瞻性的预判与肯定。

4. 场景分析

由于很多客户不了解计算机系统,对自己的业务如何在将来的目标系统中实现无明确认识,所以很难提出具体的需求。所谓场景分析就是对目标系统解决某个具体问题的方法和结果,给出可能的场景描述,以获知用户的具体需求。

在访问用户的过程中使用场景分析技术往往是非常有效的,该技术的优点主要体现在下述两方面。第一,它能在某种程度上演示目标系统的行为,便于用户理解,从而进一步揭示出一些需求分析人员目前还不知道的需求。第二,需求分析的目标是获知客户的真实需求,而这一信息的唯一来源是客户。因此,客户主动参与对成功获取需求是至关重要的。

5. 构造原型

为了更好地理解客户的需求,特别是一些人机交互的需求,利用原型来进一步确认是一个很好的方法。例如,财务问答系统中,希望在教职工登录后显示常见问题列表,并且可以检索出这些问题答案。作为财务问答系统的教职工用户希望系统能够实现这样的功能,但具体要根据什么定义为常见问题就不能完全肯定,而且对人机界面客户也提不出进一步的要求。面对这样的系统需求,如果能够快速地做出系统的原型,客户运行一个真实的系统,就很容易评价它,从而确认系统需求。原型对于提高客户对软件的认知程度有很好的效果,它能使客户对软件有一个直观的认识,客户可以通过原型进行评估并提出想法和意见,尤其那些对软件缺乏认识的客户。

对原型修改、确认,最后得到稳定的原型的工作过程会让需求更稳定,可减少很多实际工作中的反复修改工作甚至返工。

3.2.4　提高需求获取的效率

要提高需求获取的效率,需要从以下 7 方面着手。

1. 主动了解客户业务和相关知识

应用领域的知识是无边无际的,作为需求分析人员,在各种项目的需求获取过程中,肯定会出现由于缺乏某一领域的知识而影响需求获取工作准确、顺利进行的情况。所以,在访问客户之前,需求分析人员要充分了解客户的业务知识,以与客户有共同的沟通语言和对业务的正确理解,真正了解系统应具有哪些功能,取得客户的信任,提高访谈效率。

2. 及时整理记录

访谈客户时为了引导需求会不断地进行提问,对每次与客户的谈话都要进行详细记录,并在访谈之后进行及时整理和补充,尤其是对重要信息的记录,以便在需要分析时查看。

3. 对客户进行正确分类

每一个软件系统,不同的使用者在很多方面存在差异,如使用系统的频度和程度、所进行的业务过程以及个人的喜好等。根据不同用户的不同特点,可对用户进行一定的分类。根据不同的用户,分别详细描述他们的个性特点及任务状况,将有助于需求的获取和分析。

进行事务处理型信息系统的需求获取中,经常要从有关的职能部门入手分别进行访谈。一般来讲,客户的不同组织机构对软件有不同的功能和数据需求,而且各部门的需求是比较独立的。同时,不同的问题需要询问不同的人,对于操作细节的问题,要和实际负责操作的客户进行沟通,而对于关乎全局的问题,则要和相应的管理层的客户进行沟通。例如,财务部门有三种角色:财务部门负责人、财务部门工作人员和系统操作人员。财务部门负责人是对全盘业务相当熟悉的人,他负责协调本部门的全局事务;而财务部门工作人员是部门的主要业务执行人;系统操作人员则是财务问答系统的直接操作者。若我们调研的目的是搞清财务问答系统整体性流程,我们会很自然地选择财务部门工作人员和系统操作人员作为访谈的对象。

4. 引导客户,使其充分表达自己的想法

在与客户的交谈中,如何引导客户说出他们的需求是非常关键的。一般客户可能会提出彼此矛盾的需求、一些有歧义或不可测试的需求,忽略一些明显的需求。需求分析人员恰当的提问,会使客户滔滔不绝,充分发表自己的意见和建议;而不恰当的提问,可能会导致客户无法回答或敷衍了事地进行回答。例如,"你们的工作流程是什么样的?"这种提问就是非常经典的无效问题。当向客户提问时,可以先进行换位思考,如果有人问你这样的问题你该怎么回答呢?是不是很好回答呢?

以简单的问题开始、从用户熟悉的内容开始,每次只提一个问题、集中一个重点,宁问勿猜。要尽量避免使用软件开发相关的一些术语,而要使用客户的"行话"与客户交谈。尽可能与客户一起探讨系统需求,见缝插针,抓住关键点,向其咨询,以用例和模型的方式向其演示,而不要简单地一问一答,要平等地联合客户一起成立开发队伍,要站在客户的立场考虑问题,以便客户能够很好地理解需求分析人员的表达。

5. 充分利用需求确认会议

需求确认会议通常由全体涉众(利益相关人)参加。在这种会议上,一定要先针对全局性的问题(与大家都相关的问题)进行交流,千万不要针对部分人感兴趣的问题讨论时间过长,千万不能浪费客户的时间,这是捕获需求最大的忌讳。对于只跟个别部门或人员有关系的问题可以单独找时间与他们讨论。而且一定要对某些有分歧的问题找到解决方案,对与多数人利益相关的问题找出大家都能接受的解决办法。

6. 需求是变动的

需求分析人员要注意,做软件就像装修房子,永远可以找到需要增加的东西、需要改变的地方,"需求的变化是永恒,需求不可能是完备的"。因此,要接受需求是变动的这一事实,要尽可能地分清哪些是稳定的需求,哪些是易变的需求,将软件的核心建立在稳定的需求上。

在进行需求获取时,一方面应该跟客户讲清楚需求开发的重要性,让客户明白减少后期的需求变更的重要性,且随意的需求变更带来的风险(成本增加、进度延后等)必将由客户和开发者共同承担。另一方面也需让客户明白,开发者和客户更多的是战略合作伙伴关系,其共同的目标是开发出适合用户需要的软件。

7. 及时交流

大型软件系统往往需要一个团队分成若干个小组进行工作,小组间的及时交流很重要,切忌闭门造车。多与小组成员交流,对于厘清数据的走向、触发的事件、并行操作是必需的。及时交流使开发团队成员了解系统全貌,更深入地理解系统需求,有助于系统分析建模。

总之,需求获取是一个反复的过程。开始的访谈是全面了解客户需求,经过分析和过滤,以后的需求获取是有针对性的,有了初步需求分析后,再与客户进行验证和补漏。需求获取是一个从客户那儿来又回到客户那儿去的反复过程,或者说它是一个由粗糙到精细,由全局到局部,逐步演化的过程。

3.2.5　需求获取实例

【例 3-1】　高校财务问答系统需求获取实例。

财务问答系统是面向某高校全体教职工开发的,包括客户端和管理端的软件产品。该软件是为教职工提供随时随地的财务咨询服务,解决教职工财务业务办理中的疑惑而设计的 Web 系统。需求获取的方法很多,不是唯一的,在此使用启发式的访谈方法获取用户需求。

1. 确定用户类型

用户类型是与系统交互的外部实体,它既可以是人员也可以是外部系统或硬件设备。需求分析人员可以通过提出以下问题发现系统的用户类型。

(1) 谁使用系统的主要功能?

(2) 谁需要系统的支持以完成日常工作任务?

(3) 谁从系统获取信息?

(4) 谁负责维护和管理系统以保证其正常运行?

(5) 系统需要应对(处理)哪些外部硬件设备?

(6) 系统需要和哪些外部系统交互?

在该实例中,可以确定两种用户类型:系统管理员和教职工。表 3-3 提供了不同用户的使用权限。

表 3-3 高校财务问答系统不同用户的使用权限

用 户 类 型	使 用 权 限
系统管理员	财务部门工作人员,对系统、数据库进行维护
教职工	能够从系统中查询所需的财务问题答案

2．确定场景

场景是对用户利用计算机系统过程做什么和体验了什么的叙述性描述。它从单个参与者的角度观察系统特性的具体化和非正式的描述。对于软件开发人员来说,确定用户类型和场景的关键在于理解业务领域,这需要理解用户的工作过程和系统的范围。需求分析人员可以通过提出以下问题确定系统的场景。

(1) 用户希望系统执行的任务是什么?

(2) 用户访问什么信息? 谁生成数据?

(3) 用户需要系统的哪些外部变化?

(4) 系统需要通知用户什么事件?

表 3-4 给出了一个财务问答系统的"搜索问题"场景。

表 3-4 财务问答系统的"搜索问题"场景

场 景 名 称	搜 索 问 题
用户实例	张老师
事件流程	1. 张老师在系统中查询要咨询的财务问题; 2. 系统提供问题答案
其他流程	1. 张老师无法查询到问题; 2. 系统提供问题反馈页面,张老师填写问题并提交

3.3 需求提炼

获取需求后,对开发的系统建立分析模型。需求分析的核心就是建立分析模型。通常,从不同角度描述或理解软件系统,需要不同的模型。

3.3.1 需求分析模型

所谓模型,就是为了理解事物而对该事物做出的一种抽象。在软件工程中的模型由一组图形符号和组织这些符号的规则组成。

经过软件的需求分析建立起来的模型称为需求分析模型,它是一种目标系统逻辑表示技术,建模的目的是使用模型来表现系统中的关键方面。然后,可以在形式化的分析、模拟和原型设计中使用这些模型,以研究预期的系统行为,并且可以在编写文档或总结时使用这些模型,以便针对系统的性能和外观进行交流。

3.3.2　需求分析模型分类

1. 域建模

域建模指的是对问题域创建相应的模型并且把它划分为若干个内聚组的过程。然后，可以在抽象模型中捕获业务流程、规则和数据。

域模型是一种用于理解问题域的工具。注意，需要从信息系统之外的角度来理解这个域。要构造域模型，首先要标识并确定参与者（实体）及其操作（活动）的特征。然后标识管理操作（规则）的策略，收集有关实现这些操作、来自这些操作或者记录这些操作（构件/数据）的信息，同时将相关的要素划分为子域。最后确定结果域（核心的/通用的/外部的）以及它们之间交互的特征。

2. 用例建模

用例模型描述了各种参与者（人和其他系统）和要分析的系统之间的主要交互。用例应该说明系统如何支持域和业务流程，将系统放到上下文环境中，显示系统和外部参与者之间的边界，并描述系统和参与者之间的关键交互。用例建模可以描述利益相关者（如用户和维护人员）所看到的系统行为。

3. 组件和服务建模

组件模型为子系统、模块和组件的层次结构分配需求和职责。每个元素作为一个自包含的单元，以用于开发、部署和执行的目的。组件模型的元素由它们所提供和使用的接口来规定。

服务模型将应用程序定义为一组位于外部边界（用例）、架构层之间的抽象服务接口，并且提供了通用的应用程序和基础结构（安全、日志记录、配置等）。支持应用程序需求的这组服务可以与现有的内部和外部提供的接口规范相匹配。所得到的分析结果可以确定预置策略，并将项目活动划分为特定类型的部分，这取决于给定的服务是否已经存在（内部或者外部的，并且其中每个服务都具有适当的活动）、存在但需要进行修改（定义一个新的接口，并规划其实现）或者必须构建新的服务。

4. 性能建模

可以通过各种各样的方式来度量性能，最显而易见的方式是，应用程序执行其关键操作任务的速度。作为一名软件架构师，必须考虑性能建模过程中的其他方面。例如，构建和部署软件的速度如何？构建、维护和运行成本是多少？该软件能在多大程度上满足其需求？对于必须使用该软件的人来说，需要为其付出多大的开销？该软件会对其他软件和基础结构产生怎样的影响？

关于这些问题的答案，对一个成功的软件来说是至关重要的，并且通常称其为软件在架构上的质量。对这些质量进行建模是很困难的，甚至比性能的标准质量更困难，后者通常能满足数据处理和数据存储方面的需求。

3.3.3　需求分析建模方法

人们提出了多种分析建模的方法,其中两种在分析建模领域占有主导地位,一种是面向数据流的分析方法,另一种是面向对象的分析方法。面向数据流的分析方法是传统的建模方法,而面向对象的分析方法已逐步成为现代软件开发的主流。本书将重点介绍这两种方法,具体内容参见后面章节。

结构化分析建模方法是从数据流进行分析,用数据流程图把要开发的软件功能结构表示出来,这种图形是软件的功能模型,所以它是一种建模活动。

面向对象分析建模方法不仅是新的编程语言的汇总,它是一种新的思维方式,一种关于计算和信息结构化的新思维。面向对象的分析建模可以被视为一个包含抽象、封装、模块化、层次、分类、并行、稳定、可重用和可扩展性等元素概念的框架。

3.4　需求描述

需求描述就是指编制需求分析阶段的文档。需求分析的最终成果是:客户和开发小组对将要开发的产品达成一致协议。这一协议综合了业务需求、用户需求和软件功能需求,除此之外,还要编写产品的非功能性需求文档,包括质量属性和外部接口需求。只有以结构化和可读性方式编写这些文档,并由项目的涉众评审通过后,各方面人员才能确信他们所赞同的需求是可靠的。

3.4.1　需求描述方法

通常有 3 种方法进行需求描述。

(1) 用好的结构化和自然语言编写文本型文档。

(2) 建立图形化模型,这些模型可以描绘转换过程、系统状态和它们之间的变化、数据关系、逻辑流或对象类和它们的关系。

(3) 编写形式化规模说明,可以通过使用数学上精确的形式化逻辑语言来定义需求。尽管形式化规格说明具有很强的严密性和精确度,但由于其所使用的形式化语言只有极少数专业人员才熟悉,所以这一方法一直没有在工业界得到普遍使用。

虽然结构化的自然语言具有许多缺点,但在大多数软件工程中,它仍是编写需求文档最现实的方法。包含功能和非功能需求的基于文本的软件需求规格说明书已经为大多数项目所接受,图形化分析模型通过提供另一种需求视图,增强了软件需求规格说明书。

3.4.2　软件需求规格说明书

软件需求规格说明书(Software Requirement Specification,SRS)是需求分析的结果,它具有广泛的使用范围,并成为客户、分析人员和设计人员之间进行理解和交流的手段。客户通过需求规格说明书指定需求,检查需求描述是否满足原来的期望;设计人员通过需求规格说明书了解软件需要开发的内容,将其作为软件设计的基本出发点;测试人员根据软件需求规格说明书中对产品行为的描述,制订测试计划、测试用例和测试过程;产品发布人员根据软件需求规格说明书和用户界面设计编写用户手册等文档。

每个软件开发组织都应该在其项目中采用一种标准的软件需求规格说明书的模板。有许多推荐的软件需求规格说明书模板可以使用,这里介绍一种由 IEEE 标准 830—1998 改写并扩充的模板。可以根据项目的需求来修改这个模板,如果模板中某一特定部分不适合某项目,那么就在原处保留标题,并注明该项不适用,这将防止读者认为是不小心遗漏了一些重要的部分。

3.4.3   需求描述的编写原则

许多软件需求规格说明书写得不能满足开发要求,也不要期望能够编写一份能体现需求应具备的所有特性的说明书。无论怎么细化、分析、评论和优化需求,都不可能达到完美。但是,如果牢记这些编写原则,就会编写出较好的需求,开发出较好的软件产品。

(1) 句子和段落要短。使用正确的语法、拼写、标点。使用术语,要保持一致性,并在术语表或数据字典中定义它们。

(2) 要检查需求是否被有效地定义。换句话说,作为软件需求规格说明书的编写者,是否需要说明书以外的解释,来帮助开发人员很好地理解需求,以便于设计和实现?如果是的话,说明软件需求规格说明书还需要精化。

(3) 需求编写者还要努力正确地把握细化程度。要避免包含多个需求的冗长的叙述段落。尽量编写独立的可测试的需求,如果一小部分测试就可以验证一个需求的正确性,那么它已经正确地被细化了。如果预想到多种不同的测试,则几个需求可能已关联在一起,需要拆分开。

(4) 密切关注合成了多个需求的单个需求。一个需求中的连接词"和"与"或"表示了几个需求的合并。尽量避免在一个需求中使用"和"与"或"。

(5) 通篇文档细节上要保持一致。在多处包含相同的需求可以使文档更易于阅读,但也会给文档的维护增加困难。文档涉及的多份文本要在同一时间内全部更新,避免不一致性。

3.5   需求验证

需求分析的最后一步是验证以上需求分析成果。需求分析阶段的工作成果是后续软件开发的基础,为了提高软件开发质量,降低软件开发成本,必须对需求的正确性进行严格的验证,确定需求的一致性、完整性和有效性。确保设计与实现过程中的需求可回溯,并进行需求变更管理。

3.5.1   需求验证标准

衡量需求规格说明书好坏的标准按重要性次序排列为正确性、无歧义性、完整性、可验证性、一致性、可修改性、可追踪性。下面依次介绍这些验证标准。

1. 正确性

正确性指需求规格说明书中的功能、行为、性能描述必须与用户对目标软件产品的期望相吻合,代表了用户的真正需求。评审需求的正确性应该考虑以下几方面的问题。

（1）客户参与需求过程的程度如何？

（2）每一个需求描述是否准确地反映了客户的需要？

（3）系统客户是否已经认真考虑了每一项描述？

（4）需求可以追溯到来源吗？

2．无歧义性

无歧义性指需求规格说明书中的描述对所有人都只能有一种明确且统一的解释。对于用户、分析人员、设计人员和测试人员而言,需求规格说明书中的任何语言单位只能有唯一的语义解释。确保无歧义性的一种有效措施是在需求规格说明书中使用标准化术语,并对术语的语义进行统一的解释。评审需求的无歧义性应该考虑以下几方面的问题。

（1）需求规格说明书是否有术语词汇表？

（2）具有多重含义或未知含义的术语是否已经定义？

（3）需求描述是否可量化和可验证？

（4）每一项需求都有测试准则吗？

3．完整性

完整性指需求规格说明应该包括软件要完成的全部任务,不能遗漏任何必要的需求信息,注重用户的任务而不是系统的功能将有助于避免不完整性。评审需求的完整性应该考虑以下几方面的问题。

（1）是否存在遗漏的功能或业务过程？

（2）在每个定义的功能之间是否有接口？

（3）是否有信息或消息在所定义的功能之间传递？

（4）是否定义了功能的使用者？

（5）是否已经清楚地定义了用户与功能之间的交互？

（6）文档中是否存在待确定的需求引用？

（7）文档的各个部分都完整吗？

4．可验证性

可验证性指需求规格说明书中的任意需求,均应存在技术和经济上可行的手段进行验证和确认。评审需求的可验证性应该考虑以下几方面的问题。

（1）在需求文档中是否存在不可验证的描述,如"用户界面友好""容易""简单""快速""健壮""最新技术"等。

（2）所有描述都是具体的和可测量的吗？

5．一致性

一致性指需求规则说明书的各部分之间不能相互矛盾。这些矛盾可以表现为术语使用方面的冲突,功能和行为特征方面的冲突,以及时序方面的前后不一致。评审需求的一致性应该考虑以下几方面的问题。

（1）文档的组织形式是否保持一致？

（2）不同功能的描述之间是否存在矛盾？

（3）是否存在有矛盾的需求描述或术语？

（4）是否存在矛盾的术语定义？

（5）文档中是否存在时序上的不一致？

6. 可修改性

可修改性指需求规格说明书的格式和组织方式应保证能够比较容易地接纳后续的增加、删除和修改，并使修改后的说明书能够较好地保持其他各项属性。评审需求的完整性应该考虑以下几方面的问题。

（1）是否存在明显的需求交叉引用？

（2）是否有内容列表和索引？

（3）是否存在冗余需求，即同一个需求的描述出现在文档的不同地方？ 如果存在，它们是交叉引用吗？

7. 可追踪性

可追踪性指需求规格说明书必须将分析后获得的每项需求与用户的原始需求清晰地联系起来，并为后续开发和其他文档引用这些需求提供便利。

3.5.2　如何做好需求验证

1. 分层次和分阶段评审

用户的需求可以分层次，一般而言可以分成如下的层次。

（1）目标性需求：定义了整个系统需要达到的目标。

（2）功能性需求：定义了整个系统必须完成的任务。

（3）操作性需求：定义了完成每个任务时具体的人机交互。

目标性需求是需方的高层管理人员所关注的，功能性需求是需方的中层管理人员所关注的，操作性需求是需方的具体操作人员所关注的。对不同层次的需求，其描述形式是有区别的，参与评审的人员也是不同的。

同时在需求形成的过程中进行分阶段的评审，而不是在需求最终形成后再进行评审。分阶段评审可以将原本需要进行的大规模评审拆分成若干个小规模的评审，降低了需求返工的风险，提高了评审的质量。例如，可以在形成目标性需求后进行一次评审，在形成系统的初次概要需求后进行一次评审，将概要需求细分成几个部分，对每个部分分别进行评审，然后再对整体的需求进行评审。

2. 正式评审与非正式评审结合

正式评审是指通过开评审会的形式，组织多个专家，将需求涉及的人员集合在一起，并定义好参与评审人员的角色和职责，对需求进行正规的会议评审。而非正式的评审并没有这种严格的组织形式，一般也不需要将人员集合在一起评审，而是通过电子邮件、线上会议等多种形式对需求进行评审。两种形式各有利弊,但往往非正式的评审比正式的评审效率更高,更容易发现问题。因此在评审时,应该更灵活地利用这两种方式。

3. 精心挑选和培训评审员

需求评审可能涉及的人员包括需方的高层管理人员、中层管理人员、具体操作人员等,供方的产品人员、需求分析人员、设计人员、测试人员、质量保证人员、实施人员、项目经理以及第三方的领域专家等。在这些人员中由于大家所处的立场不同,对同一个问题的看法是不同的,有些观点是和系统的目标有关系的,有些是关系不大的,不同的观点可能形成互补的关系。为了保证评审的质量和效率,需要精心挑选评审员。首先要保证让不同类型的人员都要参与进来,否则很可能会漏掉很重要的需求。其次在不同类型的人员中要选择那些真正和系统相关的,对系统有足够了解的人员参与进来,否则很可能使评审的效率降低或者最终不切实际地修改了系统的范围。

在很多情况下,评审员是领域专家而不是进行评审活动的专家,他们没有掌握进行评审的方法、技巧、过程等,因此需要对评审员进行培训。对评审员的培训分为简单培训与详细培训两种。简单培训可能需要十几分钟或者几十分钟,将在评审过程中需要把握的基本原则、需要注意的常见问题说清楚。详细培训则可能需要对评审的方法、技巧、过程进行正式的培训,需要花费较长的时间,是一个独立的活动。

4. 建立标准的评审流程和充分准备评审

对正规的需求评审会需要建立正规的需求评审流程,按照流程中定义的活动进行规范的评审过程。例如,在评审流程定义中可能规定评审的进入条件、评审需要提交的资料、每次评审会议的人员职责分配、评审的具体步骤、评审通过的条件等。

评审质量的好坏在很大程度上取决于在评审会议前的准备活动。例如,没有执行需求评审的进入条件,在评审文档中存在大量的低级错误或者没有在评审前进行沟通,文档中存在方向性的错误,从而导致评审的效率很低,质量很差。

5. 做好评审后的跟踪工作

在需求评审后,需要根据评审人员提出的问题进行评价,以确定哪些问题是必须纠正的,哪些可以不纠正,并给出充分、客观的理由与证据。当确定需要纠正的问题后,要形成书面的需求变更申请,进入需求变更的管理流程,并确保变更的执行,在变更完成后,要进行评审。切忌评审完毕后,没有对问题进行跟踪,从而无法保证评审结果的落实,使前期的评审努力付之东流。

3.6 需求管理

软件需求的最大问题在于难以清楚确定以及不断发生变化,这也是软件开发之所以困难的主要根源,因此有效地管理需求是项目成功的基础。软件需求规格说明书通过评审后,就形成了开发工作的需求基线,这个基线在客户和开发人员之间构筑了计划产品功能需求和非功能需求的一个约定。需求管理的任务是分析变更影响并控制变更过程,主要包括变更控制和需求跟踪等活动。

3.6.1　需求变更控制

对大多数项目来说,需求的改进是合理的且不可避免的。瞬息万变的市场机会、竞争性的产品、新的开发技术和项目目标的调整等都可能产生需求的变更,但是如果不对需求变更的范围加以控制,将会使项目陷入混乱,甚至导致软件开发的失败。

1. 需求变更的原因

导致需求变更的原因有很多,如项目预算增加或减少、客户对功能的需求改变等。在软件项目中,变更一般来自 3 种情况,一种是客户提出来要进行修改,增加需求等,一种是软件公司内部人员提交的建议,还有一种就是开发人员自己修改流程(修改后的效果比前面的更加好)。在软件系统开发过程中,有很多问题都是由于在需求分析阶段没有正确地收集、编写、协商产品真实需求而产生的。一般地,造成需求变更有以下几方面的基本原因,如图 3-2 所示。

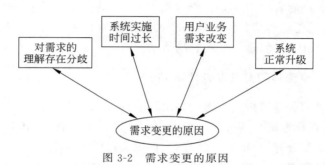

图 3-2　需求变更的原因

(1) 对需求的理解存在分歧。

当客户向需求分析人员提出需求时往往是通过自己的想法用自然语言来表达的,这样的表达结果对于真实的需求来说是一种描述(甚至只是某个角度的描述),远远不能保证描述可以得到完全的正确理解。

(2) 系统实施时间过长。

一个大中型系统的建设可能要延续一段时间,当客户提出要求之后,他当时并不能看到系统的运行情况,当双方认为理解大概没有分歧的时候,开发方就开始工作了。当客户拿到可以试用的产品时,会对系统的界面、操作、功能、性能等有一些切身的体会,就有可能提出需求变更要求。

(3) 用户业务需求改变。

当前客户的运营情况不确定,有可能客户所在的行业竞争度高,需要随时做出调整和反应,随之提出需求变更的要求;也有可能客户所在的行业操作不规范,本身存在很多人为因素,这时候开发方需要随时准备应变。

(4) 系统正常升级。

需求变更还有可能是来自开发方自身版本升级或性能改进,或是对设计进行修正而引出的需求变更,这些变更是不可避免的。

2. 需求变更流程

变更控制是在一定的流程下有效地实施整个变更过程,需求变更流程如图 3-3 所示,一般包括以下 4 部分。

(1)仔细评估已建议的变更。

(2)挑选合适的人选对变更做出决定。

(3)变更应及时通知所涉及的人员。

(4)项目要按一定的流程实施需求变更。

3.6.2　需求跟踪

需求跟踪就是将系统设计、编码、测试等阶段的工作成果与需求文档进行比较,建立与维护"需求文档—设计文档—代码—测试用例"之间的一致性,确保产品依据需求文档进行开发。当需求发生变化时,使用需求跟踪可以确保不忽略每个受到影响的系统元素,需求变更的准确实施可以降低由此带给项目的风险。

一个管理系统的需求跟踪通常应该满足,第一,能够完整地定义需求之间的各种关系,并提供可视化表示方式;第二,在需求变更时,系统能够按照所定义的需求跟踪链,跟踪到所有受影响的需求。同时,管理人员也需要进行需求状态跟踪,以了解项目工程的进行情况,从而对项目进度进行控制。

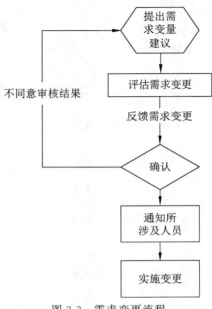

图 3-3　需求变更流程

3.7　应用案例——高校财务问答系统需求描述

3.7.1　引言

本文档是软件开发者和客户之间签订的一份契约,保证客户需求的稳定性,为软件开发者提供软件开发过程的凭据。

1. 项目目的和目标

本系统的目的为创建一个财务问答平台,有助于解决大部分教职工的常见财务相关问题,减少财务部门工作人员回答咨询问题的工作量。

2. 用户简介

本系统面向的是各类高校,随着计算机技术的不断发展,需要为一些部门的工作开发管理系统帮助减轻工作人员工作量。

3. 参考文献（略）

4. 版本更新信息

版本更新记录如表 3-5 所示。

表 3-5　版本更新记录

版本号	创 建 者	创建日期	维护者	维护日期	维护纪要
V1.0	某高校研究所师生团队	2021/3/12	—	—	—

3.7.2　综合描述

1. 组织结构与职责

本系统用户的组织结构与角色，如图 3-4 所示。

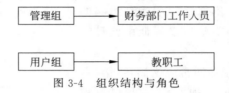

图 3-4　组织结构与角色

2. 角色定义

组织结构图中各用户类型的职责说明，如表 3-6 所示。

表 3-6　角色定义

编号	角 色	职 责
1	财务部门工作人员	对教职工信息、问题类别信息、问题及答案信息进行查询、添加、删除、修改等操作
2	教职工	进行查询问题及答案、反馈问题等操作

3. 运行环境

（1）硬件环境。

建议 CPU：P4 3.0GB 以上。

建议内存：1GB 或以上。

建议硬盘：80GB 或以上。

网络环境：广域网。

（2）软件环境。

操作系统：管理端 Windows 操作系统、用户端安卓系统等。

支持软件：MySQL、Spring＋Spring MVC＋Mybatis。

3.7.3　目标系统功能需求

系统的功能需求点列表如表 3-7 所示,它是系统测试的参照依据。

表 3-7　功能需求点列表

编号	功能名称	功能描述	输入内容	输出内容
1	管理端登录	管理员登录	管理员工号、密码	进入管理端主页
2	教职工信息管理	管理员对教职工信息进行管理	添加、修改、删除、批量导入、批量删除	提示结果
3	类别管理	管理员对问题类别信息进行管理	添加、修改、删除	提示结果
4	问题管理	管理员对问题信息进行管理	添加、修改、删除、批量导入	提示结果
5	统计管理	管理员查看问题查询次数	查询、下载文件	显示查询次数
6	反馈管理	管理员查看反馈问题信息	查询	显示反馈人和问题信息
7	用户端登录	教职工登录	教职工号、密码	进入用户端主页
8	类别查看问题	教职工根据类别查询问题	点击类别下拉框中的类别	显示类别下的问题
9	最热问题查看问题	教职工根据最热问题查询问题	点击最热问题	显示问题答案
10	搜索查看问题	教职工搜索问题	问题关键词	显示问题答案
11	反馈问题	教职工反馈问题,可以线上反馈、联系驻点会计反馈、联系值班会计反馈	问题、教工号、姓名、单位、手机号码	提交成功提示

3.7.4　目标系统性能需求

1. 时间需求

（1）检查输入资料合法性的时间应少于 1s。
（2）查询的最长等待时间应少于 5s。
（3）更新信息的时间应少于 3s。
（4）信息上传和下载的时间应少于 10s。

2. 空间需求

（1）支持的终端数：≤1500。
（2）支持的并行操作的使用者数：≤300。

3.7.5　目标系统界面与接口需求

1. 界面需求

本系统的界面遵循风格统一,兼容常用移动端系统和管理端浏览器。

2. 接口需求点列表/接口模型

无接口。

3.7.6　目标系统其他需求

1. 安全性

(1) 用户端和管理端必须登录后才可以使用。
(2) 任何等级的用户登录时需要填写正确的验证码。

2. 可靠性

(1) 不会因为一些错误而导致系统崩溃或数据丢失,保证系统长时间运行不会出现任何错误。
(2) 设计过程充分考虑恶意代码等非法入侵行为,尽量达到安全性最高。

3. 培训需求

鉴于本系统使用比较简单、方便,仅提供用户端和管理端操作视频和用户使用手册,无需培训服务。

3.8　习题

一、填空题

1. 在进行可行性研究和软件计划以后,如果确认开发一个新的软件系统是必要的而且是可行的,那么就进入_____阶段。

2. 软件需求分析阶段,分析人员要确定软件的各种需求,其中最重要的是_____需求。

3. 需求分析过程主要包括_____、_____、_____、_____四个基本活动。

二、选择题

1. 软件需求分析阶段最终产生的主要文档是(　　)。
　A. 项目开发计划　　　　　　　　　B. 软件需求规格说明书
　C. 可行性研究报告　　　　　　　　D. 软件设计说明

2. 软件需求规格说明书的内容不应包括对（　　）的描述。

　　A. 软件功能　　　　　B. 算法过程　　　　C. 运行环境　　　　　D. 软件性能

3. 软件需求规格说明书的作用不应包括（　　）。

　　A. 软件设计的依据

　　B. 软件验收的依据

　　C. 软件可行性研究的依据

　　D. 用户和开发人员对软件要做什么的共同理解

4. 在各种不同的软件需求中，（　　）描述了用户使用软件产品必须要完成的任务。

　　A. 业务需求　　　　　B. 功能需求　　　　C. 性能需求　　　　　D. 用户需求

5. 需求分析（　　）。

　　A. 要回答"软件必须做什么"　　　　　B. 可概括为"理解、分解、表达"六个字

　　C. 要求编写需求规格说明书　　　　　D. 以上都对

6. 需求分析是（　　）。

　　A. 软件开发工作的基础　　　　　　　B. 软件生存周期的开始

　　C. 由系统分析员单独完成的　　　　　D. 由用户自己单独完成的

7. 软件需求分析一般应确定的是用户对软件的（　　）。

　　A. 功能需求　　　　　　　　　　　　B. 非功能需求

　　C. 性能需求　　　　　　　　　　　　D. 功能需求和非功能需求

三、简答题

1. 常用的需求获取方法有哪些？

2. 需求管理的任务是什么？主要包括哪些活动？

四、综合题

请为某高校教材管理系统撰写需求描述文档。

第 **4** 章

结构化分析

需求分析方法主要包括结构化分析方法和面向对象分析方法。面向对象方法已是软件开发方法的主流,但传统的结构化方法的许多思想今天仍在使用,如模块化、自顶向下逐步求精等,这些概念在面向对象方法中得到了应用和进一步的发展。

教学目标:

(1) 理解结构化分析过程;

(2) 掌握数据模型、功能模型和行为模型的建模方法;

(3) 能够利用结构化分析描述工具编写软件需求文档。

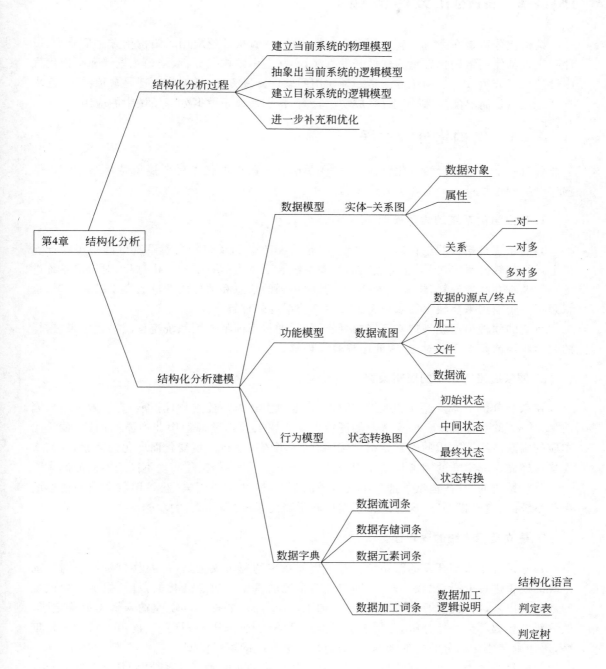

4.1　结构化分析概述

结构化分析是在 20 世纪 70 年代末被提出的,一直被广泛应用。结构化方法是分析、设计到实现都使用结构化思想的软件开发方法,实际上由结构化分析、结构化设计和结构化程序设计三部分组成。结构化方法是一种实用的软件开发方法,遵循的原理是自顶向下、逐步求精。优点是简单实用、易于掌握、成功率较高,特别适合于数据处理领域中的应用。

4.1.1　结构化分析过程

要对一个系统进行结构化分析,首先要明确这一阶段的任务是要搞清楚"做什么"。结构化分析的过程可以分为如下 4 个步骤。

1. 建立当前系统的物理模型

当前系统是指目前正在运行的系统,也是需要改进的系统。当前系统可能是正在计算机上运行的软件系统,也可能是人工的处理系统。了解当前系统的工作过程,对当前系统进行详细调查并收集资料,将看到的、听到的、收集到的信息和情况用图形或文字描述出来,也就是用一个模型来反映出需求分析人员对当前系统的理解。

系统的物理模型就是现实环境的真实写照,即将当前系统用系统流程图描述出来,这样的表达与当前系统完全对应,因此用户容易理解。

2. 抽象出当前系统的逻辑模型

在系统分析中需要建立功能模型时,可以通过上述方法建立物理模型,它反映了系统当前"做什么"的具体实现。要构造新的逻辑模型就要去掉物理模型中非本质的因素,抽象出本质的因素。所谓本质的因素是指系统固有的、不依赖运行环境变化而变化的因素,任何实现均这样做。非本质的因素是指非固有的、随环境不同而不同、随实现不同而不同的因素。

分析系统的"具体模型",抽象出其本质因素,排除非本质因素,获得用数据流图描述的当前系统的"逻辑模型"。这种逻辑模型反映了当前系统"做什么"的功能。

3. 建立目标系统的逻辑模型

目标系统是指待开发的新系统。有了当前系统的逻辑模型后,就要将目标系统与当前系统的逻辑进行分析,比较其差别,即在当前系统的基础上决定变化的范围,把那些要改变的部分找出来,将变化的部分抽象为一个加工,这个加工的外部环境及输入输出就确定了;然后对变化的部分重新分解,分析人员根据自己的经验,采用自顶向下、逐步求精的分析策略,逐步确定变化部分的内部结构,从而建立目标系统的逻辑模型。

分析目标系统与当前系统逻辑上的差别,从而进一步明确目标系统"做什么",建立目标系统的"逻辑模型",得到修改后的数据流图。

4. 进一步补充和优化

目标系统的逻辑模型只是一个主体,为了完整地描述目标系统,还要做一些补充。补充的内容包括其所处的应用环境及其与外界环境的相互联系,说明目标系统的人机界面,说明至今尚未详细考虑的环节,如出错处理、输入输出格式、存储容量和响应时间等性能要求。

4.1.2　结构化分析模型

结构化分析方法用抽象模型的概念,按照软件内部数据传递和变换的关系,自顶向下、逐层分解,直到找到满足功能需求的所有可实现的软件元素为止。结构化分析模型如图 4-1 所示,分为数据模型、功能模型和行为模型。为了定义软件的功能,建立功能模型;为了理解和表示问题的信息域,建立数据模型;为了表示软件的行为,建立行为模型。结构化分析模型的核心是数据字典,用来描述软件使用或产生的所有数据对象。功能模型使用数据流图进行描述;数据模型使用实体-关系(E-R)图进行描述;行为模型使用状态转换图进行描述。

图 4-1　结构化分析模型

4.2　数据流图

功能模型可用数据流图(Data Flow Diagram,DFD)描述。数据流图是描述系统中数据流的图形工具,可以标识一个系统的逻辑输入和逻辑输出,以及把逻辑输入转换为逻辑输出所需的加工处理。设计数据流图时,只需考虑软件系统必须完成的基本逻辑功能,不需考虑如何具体地实现这些功能。

4.2.1　数据流图的基本成分

数据流图的基本图形元素有 4 种,即数据的源点/终点、加工、文件、数据流。数据的源点/终点表示存在于系统之外的对象,有助于理解数据的来源和去向;加工、文件和数据流用于构建软件内部的数据处理模型。

1. 数据的源点/终点

任何一个系统的边界被定义后,就有系统内外之分,一个系统总会与系统外部的实体产生联系,这种联系的重要形式就是数据。数据的源点/终点是软件系统外部环境中的实体,包括人员、组织或其他软件系统,统称为外部实体。

外部实体是为了帮助理解系统界面而引入的,一般只出现在数据流图的顶层图中,表示系统中数据的来源和去向。有时为了增加数据流图的清晰性,防止数据流的箭头线太长,在一张图上可以重复画出同名的数据的源点/终点。

2. 加工

加工也被称为数据处理,是对数据执行的某种操作或变换,把输入数据流加工成输出数据流。每个加工都应有一个定义明确的名字来标识,其命名采用用户习惯的且能够反映加工含义的名字,并加以编号来说明这个加工在层次分解中的位置。

3. 文件

文件也被称为数据存储,用于存放数据。通常一个流入加工的数据流经过加工处理后就消失了,而它的某些数据可能被加工成输出数据流,流向其他的加工或数据的终点。除此之外,在软件中还常常要把某些信息保存下来供以后使用,此时可使用文件。

每个文件都要用一个定义明确的名字标识。可以有数据流流入文件,表示写文件;也可以有数据流从文件流出,表示读文件;也可以用双向箭头的数据流指向文件,表示对文件的修改。数据流图中的文件在具体实现时可以用文件系统实现,也可以用数据库系统来实现。文件的存储介质也可以是硬盘等其他存储介质。

4. 数据流

数据流是数据在系统内传递的路径,因此由一组成分固定的数据组成。如某教材管理系统中,订书单由教材编号、教材名称、订书数量、供应商编号等数据项组成。

由于数据流是流动中的数据,所以必须有流向,它的流向一般有以下几种情况:从一个加工流向另一个加工;从加工流向文件(写文件);从文件流向加工(读文件);从数据的源点流向加工;从加工流向数据的终点。

在数据流图中的每个数据流都要用一个定义明确的名字标识。一般从数据流组成成分或实际具体含义的角度给数据流命名,流向文件或从文件流出的数据流不必命名,因为这时有文件名就可以说明问题了。但需要注意的是,在数据流图中描述的是数据流,而不是控制流,可以通过查看流中包含的信息加以区分。

4.2.2　数据流图的实现

1. 数据流图表示

数据流图的基本符号如表 4-1 所示。

表 4-1　数据流图的基本符号

名　称	符　号	含　义
数据源点/终点		数据源点指数据由何处输入到系统中,数据终点是数据经过系统加工处理后输出到何处

续表

名　　称	符　　号	含　　义
加工	◯	对数据变换处理过程
文件	════	用于存储需要保存的数据
数据流	───────▶	表明数据的传输方向和传递的数据

在数据流图中,一个加工可以有多个输入数据流,也可以有多个输出数据流,此时可以加上一些扩充符号来描述多个数据流之间的关系。

(1) 星号(*)。

星号(*)表示数据流之间存在"与"关系。如果是输入流则表示所有输入数据流全部到达后才能进行加工处理;如果是输出流则表示加工结束后将同时产生所有的输出数据流。

(2) 加号(+)。

加号(+)表示数据流之间存在"或"关系。如果是输入流则表示其中任何一个输入数据流到达后就能进行加工处理;如果是输出流则表示加工处理的结果是至少产生其中一个输出数据流。

(3) 异或号(⊕)。

异或号(⊕)表示数据流之间存在"异或"关系。

2. 数据流图实现方法

绘制数据流图时,按照软件系统内部数据传递、变换的关系,采用"自顶向下、由外到内、逐层分解"的思想,直到找到满足功能要求的所有可实现的子功能为止,即定义并描述出软件系统应该完成的所有逻辑功能。

(1) 找出系统的输入和输出。

在分析刚开始时,先不用考虑系统究竟包括哪些功能,首先要了解"系统从外界接收什么数据""系统向外界送出什么数据",以确定系统的范围和边界。系统从外界源点接收的数据流为输入数据流,系统送到外界终点的数据流为输出数据流,这样就可以画出软件系统顶层的数据流图。

(2) 绘制系统的内部。

这一步骤将系统的输入和输出数据流用一连串加工连接起来,一般可以从输入端逐步画到输出端,也可以反过来从输出端回溯到输入端。在数据流的组成或值发生变化的地方画上一个加工,它的作用就是实现这一变化,在需要暂时存储静态数据的地方画出文件。

(3) 绘制加工的内部。

同样用由外向内的方式继续分析每个加工的内部。如果加工的内部还有一些数据流,则可将这个加工用几个加工代替,并在子加工之间画出这些数据流。数据流图的基本要点是描述"做什么",而不考虑"怎么做"。通常数据流图要忽略出错处理,也不包括诸如打开文件和关闭文件之类的内部处理。

为了表达数据处理过程的数据加工情况,用一个数据流图是不够的。一个复杂的软件系统可能涉及上百个加工和数据流,甚至更多。如果将它们画在一张图上,则会十分复杂,不易阅读,也不易理解。为了表达较为复杂问题的数据处理过程,要按照该问题的层次结构进行逐步分解,并以一套分层的数据流图来反映这种结构关系。因此,通常情况下,开发人员要先绘制出系统顶层的数据流图,然后再逐层绘制出底层的数据流图。顶层数据流图描述系统的总体概貌,表明系统的关键功能。底层数据流图是对每个关键功能的精细描述。

3. 数据流图实例

【例 4-1】 某高校教材管理系统。

某高校教材管理系统工作过程如下:教师填写领书单,经主管审查签名批准后,教师到教材科领取教材;教材科管理员检查领书单是否符合审批手续,不合格的领书单退还教师,领书单合格则办理领书手续,进行登记,修改库存量并发放教材;当某种教材的库存量低于事先规定的临界值时,登记需求采购教材的订货信息,为教材科采购员提供一张订书单。

(1)绘制顶层数据流图。

把整个系统视为一个大的加工,然后根据数据系统从哪些外部实体接收数据流,以及系统发送数据流到哪些外部实体,就可以绘制出输入输出图。这张图也就是顶层数据流图。

列出教材管理系统的全部数据源点和数据终点。源点包括教师;终点包括教材科管理员和教材科采购员。然后将系统加工处理过程作为一个整体,可以得到顶层数据流图。教材管理系统顶层数据流图如图 4-2 所示。

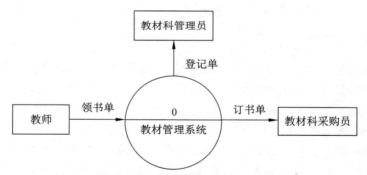

图 4-2 教材管理系统顶层数据流图

(2)绘制各层数据流图。

把顶层图的加工分解成若干个加工,并用数据流将这些加工连接起来,使得顶层图的输入数据经过若干加工处理后,变成顶层图的输出数据流。这张图被称为第 1 层数据流图。

从输入端开始,根据教材科业务工作流程,绘制出数据流流经的各加工框,逐步绘制出输出端,得到 1 层数据流图。教材管理系统 1 层数据流图如图 4-3 所示。

分解和细化各加工处理过程,可以得到分解数据流图。教材管理系统加工 1 分解数据流图如图 4-4 所示。

(3)绘制总体数据流图。

将各层数据流图进行合并,形成总体数据流图。教材管理系统总体数据流图如图 4-5 所示。

在绘制数据流图时需要注意以下事项。

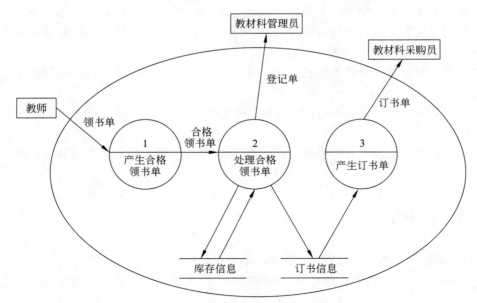

图 4-3　教材管理系统 1 层数据流图

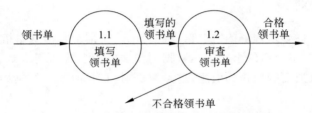

图 4-4　教材管理系统加工 1 分解数据流图

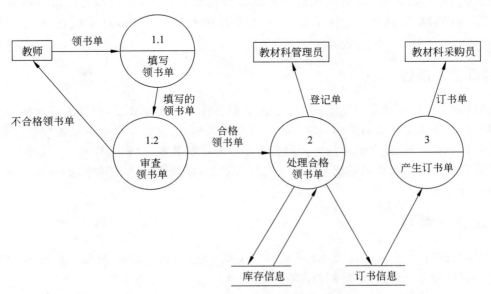

图 4-5　教材管理系统总体数据流图

① 数据的处理不一定是一个程序或一个模块,也可以是一个连贯的处理过程。

② 数据存储是指输入或输出文件,但它不仅可以是文件,也可以是数据项或用来组织数据的中间数据。

③ 数据流和数据存储是不同状态的数据。数据流是流动状态的数据,而数据存储是处于静止状态的数据。

④ 当目标系统的规模较大时,为了描述清晰和易于理解,通常采用逐层分解的方法绘制数据流图。

⑤ 数据流图分层细化时必须保持信息的连续性,即细化后对应功能的输入和输出数据必须相同。

4.3   E-R 图

数据模型可用实体-关系图(Entity-Relationship Diagram,E-R 图)描述。数据模型包含 3 种相互联系的信息,即数据对象、描述数据对象的属性及数据对象彼此间相互连接的关系。

4.3.1   数据对象

数据对象是对软件必须理解的复合信息的表示。所谓复合信息是指具有一系列不同性质或属性的事物,仅有单个值的事物不是数据对象,如长度、宽度等。数据对象只封装了数据而没有对作用于数据上的操作的引用,这是数据对象与面向对象方法中所描述的“类”或“对象”的显著区别。

数据对象可以是外部实体、事物、行为、事件、角色、单位、地点、结构等。例如,学生成绩管理系统中的教师、学生和课程都可以认为是数据对象,它们都可以由一组属性来定义。“数据对象描述”中包含了数据对象及其所有属性,数据对象彼此之间是有关联的。

4.3.2   属性

属性定义了数据对象的性质。一个数据对象往往具有很多属性,应该根据对所要解决问题的理解,来确定数据对象的一组合适的属性。例如,教材管理系统中描述数据对象“教师”的属性包括工号、姓名和密码等。但如果在教师信息管理系统中,同样的“教师”这个数据对象,用上述这些属性描述就不能满足系统需求了,应该添加一些属性,如职称、年龄、籍贯、身份证号等。

4.3.3   关系

数据对象彼此之间是有关联的,也被称为关系。例如,数据对象“教师”和“教材”之间的连接关系是“领用”。这种关联的形态有以下 3 种。

(1)一对一关联。例如,一个高校只有一个教材科,而一个教材科只能属于某一所高校,所以高校与教材科的联系是一对一的。

（2）一对多关联。例如，一个出版社可以出版多本教材，但某一本教材只能由一个出版社出版发行，所以出版社与教材之间的联系是一对多的。

（3）多对多关联。例如，一名教师可以领用多门课程的教材，一门课程的教材也可以被多名教师领用，所以教师与教材之间的联系是多对多的。

联系也可能有属性。例如，教师"领用"某种教材的时间和数量，既不是教师的属性也不是教材的属性。由于时间和数量既依赖于特定的教师又依赖于特定的教材，所以这是教师与教材之间联系的属性。

4.3.4　E-R 图的实现

1. E-R 图表示

E-R 图有以下 3 个要素。

（1）实体：就是现实世界的事物，用矩形表示。

（2）属性：定义了实体的性质，用椭圆形表示。

（3）关系：是实体之间相互连接的方式，用菱形表示。实体之间存在三种关系类型，分别是一对一、一对多、多对多，它们反映到 E-R 图中就是相应的关系类型，即 $1:1$、$1:n$ 和 $m:n$。

2. E-R 图实现方法

E-R 图是以迭代的方式构造出来的，可以采用以下步骤实现。

（1）在需求获取的过程中，要求用户列出业务流程中涉及的"事物"，将这些"事物"演化为一组输入和输出的数据对象，以及生产和消费信息的外部实体。

（2）一次考虑一个对象，检查这个对象和其他对象间是否存在连接。

（3）当连接存在时，应创建一个或多个 E-R 对。

（4）对每个 E-R 对考察其基数，并将基数改成关联的形态。

（5）迭代地进行步骤（2）到步骤（4），直到定义了所有的 E-R 对。在这个过程中发现遗漏是正常的。进行若干次迭代时，将会不断地增加新的实体和关系。

（6）定义每个实体的属性。

（7）绘制并审核 E-R 图。

（8）重复步骤（1）～（7），直到数据建模完成。

3. E-R 图实例

【例 4-2】　高校教材管理系统 E-R 设计。

通过对某高校教材管理系统进行调研分析，其中共有教师、管理员、教材、课程、专业共 5 个实体。教师实体的属性包括工号、密码和姓名；管理员实体的属性包括编号、密码和用户名；教材实体的属性包括教材编号、教材名称、出版社编号、出版社名称和库存量；课程实体的属性包括课程编号和课程名称；专业实体的属性包括专业编号和专业名称。领用关系有时间和领书数量属性，订购关系具有订书数量属性。教师与教材是领用关系，每种教材可以由多位教师领用，每位教师可以领用多本教材，因此领用是多对多关系;管理员与教材是订购关系,每种教材允许多位管理员订购,且每位管理员可以订购多种教材,因此订购是多对多关系;专业与课程是开设关系,每个专业可以开设多门课程;课程与教材是选用关系,每门课程只可以选用一本教材。高校教材管理系统 E-R 图如图 4-6 所示。

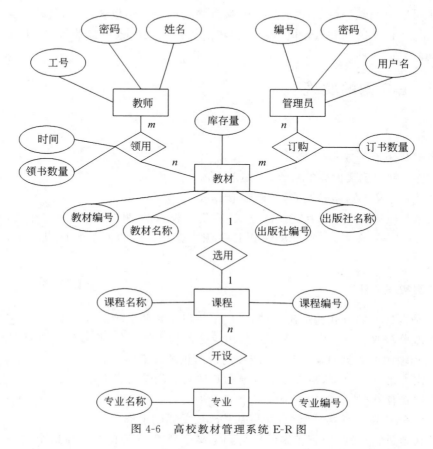

图 4-6　高校教材管理系统 E-R 图

🔑 4.4　状态转换图

行为模型可用状态转换图(State Transition Diagram,STD)描述。状态转换图是一种描述系统对内部或外部事件响应的行为模型。并不是所有的实体都需要绘制状态转换图,有些实体有一些意义明确的状态,并且其行为在不同的状态时有所改变,此时才需要绘制状态转换图。

状态转换图的基本符号如表 4-2 所示。

表 4-2　状态转换图的基本符号

名　　称	符　　号	含　　义
初始状态	●	表示实体的初始状态

续表

名　称	符　号	含　义
中间状态	⬭	表示实体的一种状态
最终状态	⊙	表示实体的最终状态
状态转换	→	表示从一种状态向另一种状态的转换,箭头线上可标注引起状态转换的事件表达式

例 4-1 中教材管理系统领书过程状态转换图,如图 4-7 所示。首先找出教师领书过程的所有状态,然后分析引起每种状态转换的具体行为,最后绘制出状态转换图。

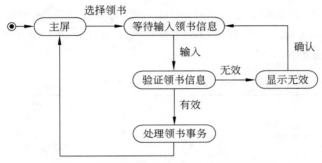

图 4-7　教材管理系统领书过程状态转换图

4.5　数据字典

分析人员仅靠"图"来完整、准确地表达一个系统的逻辑功能是不可能的。数据流图表明了数据的来源、处理和流向,但并没有说明数据的具体含义和数据加工的具体过程。数据字典可以对数据流图做出补充和完善。

4.5.1　数据字典的定义与用途

数据字典(Data Dictionary,DD)是结构化分析的一个有力工具。数据字典是对数据流图中出现的所有数据元素、数据流、文件、加工的定义的集合,其中对于加工的描述被称为"加工逻辑说明"。

1. 数据字典的定义

数据字典是关于数据信息的集合,是数据流图中所有元素严格定义的场所,每个元素要对应数据字典中的一个条目。数据字典中的条目应按一定次序排列,以方便查阅。

2. 数据字典的用途

数据字典的作用是在软件分析和设计过程中提供数据描述,是数据流图必不可少的辅助资料。数据流图和数据字典一起构成了系统的逻辑模型。没有数据字典,数据流图就不严格;没有数据流图,数据字典就没有作用。

数据字典的重要用途就是作为分析阶段的工具。在数据字典中建立严密一致的定义有助于分析人员和用户之间的交流。同样,将数据流图中的每个元素的精确定义放在一起,就构成了系统的、完整的需求规格说明的主体。

在软件设计阶段,数据字典是存储文件或数据库设计的基础。在实施阶段,还可参照数据字典描述数据。随着系统的改进,数据字典中的信息也会发生变化,新的信息会随时加入进来。

4.5.2   数据字典的内容和格式

数据字典以词条方式定义在数据模型、功能模型和行为模型中出现的数据对象及控制信息的特性,给出它们的准确定义,包括数据流词条、数据存储词条、数据元素词条和数据加工词条等。这些条目按照一定规则组织起来便构成了数据字典。定义规则时,常用的数据字典中的符号及定义如表 4-3 所示。

表 4-3   数据字典中的符号及定义

符　号	含　义	示　例
=	被定义为	
+	与	$X=a+b$ 表示 X 由 a 与 b 组成
[$\cdots$|$\cdots$]	或	$X=[a\|b]$ 表示 X 由 a 或 b 组成
$m\{\cdots\}n$	重复	$X=2\{a\}6$ 表示 X 由重复 2~6 次 a 组成
$\{\cdots\}$	重复	$X=\{a\}$ 表示 X 由 0 个或多个 a 组成
$(\cdots)$	可选	$X=(a)$ 表示 a 在 X 中可能出现,也可能不出现
"$\cdots$"	基本数据元素	$X=$"a" 表示 X 是取值为字符 a 的数据元素
..	连接符	$X=1..9$ 表示 X 可取 1~9 中的任意一个值

1. 数据流词条

数据流是数据结构在系统内传播的路径。一个数据流词条应有以下几项内容。

(1) 数据流名称:要求与数据流图中出现的名称一致。

(2) 描述:简要介绍该数据流在系统中的作用。

(3) 数据流来源:数据流来自哪个加工或哪个外部实体。

(4) 数据流去向:数据流流向哪个加工或哪个外部实体。

(5) 数据流组成(定义):描述该数据流的数据结构。

(6) 注释:相关事项。

例如,教材管理系统中对数据流"订书单"可用以下词条进行定义和描述。

数据流名称:订书单。

描述:发送给教材科采购员的需要订货的教材表。

来源:数据加工 3"产生订书单"。

去向:外部实体"教材科采购员"。

定义：订书单＝订单号＋教材编号＋教材名称＋订书数量＋出版社编号。

2. 数据存储词条

数据存储文件是保存数据的地方，一个数据存储词条应有以下几项内容。

（1）数据存储名称：要求与数据流图中出现的名称一致。

（2）编号：该数据存储_____号。

（3）描述：_____什么数据。

（4）_____的数据结构。

（5）数_____

例如，_____信息"可用以下词条进行定义和描述。

数据存_____

编号：D_____

描述：用_____

定义：库存_____＋库存量临界值。

存储方式：_____

3. 数据元素____

数据流图中每_____数据元素是数据处理中最小的、不可再分的单位，它直_____的这些数据元素也必须在数据字典中给出描述，一个_____

（1）数据元素名称_____

（2）描述：简要介绍_____

（3）数据元素类型：_____

（4）数据元素长度(或_____

（5）数据元素取值范围_____1..60。

（6）数据元素默认值：_____始值默认为系统的当前日期。

（7）数据元素组成(定义)_____据结构。

例如，教材管理系统中对数_____义和描述。

数据元素名称：教材编号。

描述：用于唯一标识每种教_____

类型：字符串。

长度：8。

定义：教材编号＝978＋10{数字字符}10。

4. 数据加工词条

加工可以使用如判断表、判定树和结构化语言等形式表达，一个数据加工词条应有以下几项内容。

（1）加工名称：要求与数据流图中出现的名称一致。

（2）加工编号：要求与数据流图中出现的编号一致。

（3）描述：简要介绍该加工的处理功能。

（4）输入：指明该加工的输入数据流。

（5）输出：指明该加工的输出数据流。

（6）加工逻辑：简述该数据加工的处理逻辑（此项描述也可以单独形成一份"数据加工逻辑说明"）。

例如，教材管理系统中对数据加工"处理合格领书单"可用以下词条进行定义和描述。

加工名称：处理合格领书单。

加工编号：2。

描述：当领书单合格时，进行登记，并用出库数量更新该教材的当前库存信息。

输入：合格领书单。

输出：登记单。

加工逻辑：

接收领书信息获取待领取的教材编号和数量。

登记领书信息。

根据输入的教材编号从库存信息文件中读取该教材的库存量。

库存量＝库存量－领取数量。

将库存量写回库存信息文件。

输出登记单。

🔑 4.6 数据加工逻辑说明

数据流图的每一个数据加工必须有一个加工逻辑说明，描述数据加工如何将输入数据流转换为输出数据流的加工规则，应描述实现加工的策略而不是实现加工的细节。常用的数据加工逻辑说明工具包括结构化语言或伪代码、判定表和判定树。

4.6.1 结构化语言

结构化语言是介于自然语言和形式化语言之间的一种语言。结构化语言语法结构包括内外两层。内层语法比较灵活，可以使用数据字典中定义过的词汇，易于理解的一些名词、运算符和关系符。外层语法具有较固定的格式：如果是重复结构，可使用 while_do 等；如果是选择结构，可使用 if_else 等。使用结构化语言描述的处理功能结构清晰、简明易懂。

【例 4-3】 某系统教师津贴费处理。

某校对不同职称的教师，根据其是本校专职教师还是外聘兼职教师，决定其课时津贴费。本校专职教师每课时津贴费：教授 100 元，副教授 80 元，讲师 60 元，助教 50 元。外聘兼职教师每课时津贴费：教授 120 元，副教授 100 元，讲师 80 元，助教 60 元。

教师津贴费处理使用结构化语言表示如下：

```
IF 教师类型是专职
    IF 职称是教授
      津贴＝100
    IF 职称是副教授
      津贴＝80
    IF 职称是讲师
      津贴＝60
    IF 职称是助教
      津贴＝50
ELSE
    IF 职称是教授
      津贴＝120
    IF 职称是副教授
      津贴＝100
    IF 职称是讲师
      津贴＝80
    IF 职称是助教
      津贴＝60
ENDIF
```

结构化语言与具体使用哪一种编程语言无关，能够方便地转换为程序员所选择的任意一种编程语言。但结构化语言描述算法不如图形工具那样形象直观，在描述复杂的条件组合时没有判定表清晰。

4.6.2　判定表

当需求中含有复杂的条件选择时，使用结构化语言不易表达清楚。此时，可用判定表清晰地表示复杂的条件组合与应做工作之间的对应关系。判定表是判定树的表格形式，包括 4 部分：条件定义、条件组合、操作定义和条件组合下的操作。

判定表的构造包括以下 6 个步骤。

（1）列出所有的基本条件，填写判定表的左上部。

（2）列出所有的基本操作，填写判定表的左下部。

（3）计算所有可能的、有意义的条件组合，确定规则个数，填写判定表的右上部。

（4）将每一组合指定的操作，填入右下部相应的位置。

（5）简化规则，合并和删除等价的操作。合并原则是找出在同一行的操作，检查上面的每个条件是否影响该操作的执行，如果条件不起作用，则可以合并等价操作，否则不能简化。

（6）如果对判定表进行了简化，就需要将简化后的结果重新排列。

例 4-3 中教师津贴费处理判定表如表 4-4 所示。

判定表能够把在什么条件下系统应做什么操作准确无误地表示出来，但不能描述循环的处理特性，循环处理还需要结构化语言。

表 4-4　教师津贴费处理判定表

条件组合		1	2	3	4	5	6	7	8
条件	教授	T				T			
	副教授		T				T		
	讲师			T					
	助教				T				T
	专职	T	T	T	T				
操作	120					√			
	100	√					√		
	80		√					√	
	60			√					√
	50				√				

4.6.3　判定树

判定树是用一种树的图形方式来表示多个条件、多个取值所应采取的动作。判定树的分支表示各种不同的条件,随着分支层次结构的扩充,各条件完成自身的取值。判定树的叶子给出应完成的动作。

判定树是判定表的变形,一般情况下它比判定表更直观,且易于理解和使用。教师津贴费处理判定树如图 4-8 所示,也是例 4-3 的判定树。当处理逻辑中包含太多判定条件及其组合时,使用判定树描述会比较方便和直观。

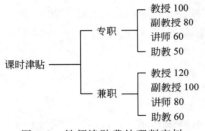

图 4-8　教师津贴费处理判定树

上述 3 种数据加工逻辑说明工具各有所长和不足。对于顺序执行和循环执行的动作,使用结构化语言描述;对于存在多个条件复杂组合的判断问题,使用判定表和判定树描述。

🔑 4.7　应用案例——高校财务问答系统结构化分析

随着计算机技术的发展,高校各部门已经逐步开展数字化信息平台建设工作。为了方便全校教职工随时随地进行业务咨询,更好地为全校教职工提供服务,财务部门开发财务问答系统以提高工作效率。

4.7.1　功能需求

高校财务问答系统分为用户端子系统与管理端子系统两部分。用户端子系统主要用于教职工进行财务问题咨询;管理端子系统主要用于财务部门工作人员对财务问题和答案的管理。

1. 用户端子系统的完整功能需求

（1）登录功能。进入财务问答系统时，输入教工号与密码后，单击"登录"按钮进行登录。

（2）问答功能。成功登录系统后，进入问答页面。问答功能可以通过三种方式实现：即通过问答页面的"类别"栏目可以查看相关类别的问题列表；通过"最热问题"栏目可以直接访问当前最热问题；在"搜索"文本框中输入关键字查询所需要的问题。

① 类别查看问题。单击"类别"菜单项后的按钮会跳转到该类别的问题列表页面，单击该页面中的列表项，可查询该问题的答案。单击答案按钮可以打开其"问题详情"页面，查看相应的文字答案，有的问题附有相关的图片文件，可以单击下面的链接查看。单击左上角的"返回"按钮即可返回至上一级页面。

② 最热问题查看问题。用户在问答页面中单击"最热问题"列表中的某一个最热问题后，可以进入该问题的"问题详情"页面，查看该问题的问题名称、答案以及该问题的文件。

③ 搜索查看问题。用户单击"搜索"文本框，输入问题关键词即可以搜索相应的问题，单击右侧展开按钮可获得相应问题的答案；如果系统未搜索到相关问题，会显示提示信息"试试问题反馈吧"。

（3）反馈问题功能。当用户单击"试试问题反馈吧"链接后即可打开"反馈查询"页面，用户在该页面中可能通过"线上反馈""联系驻点会计""联系值班会计"三种方式进行问题反馈。

① 线上反馈。单击"线上反馈"后，进入"填写反馈信息"页面，用户在线填写问题相关信息后，单击"提交信息"按钮，将问题提交数据库供财务部门工作人员查看和处理。

② 联系驻点会计反馈。用户单击"联系驻点会计"，会显示各单位的驻点会计的联系方式供用户查看。

③ 联系值班会计反馈。单击"联系值班会计"可查看值班工作人员联系方式信息。

2. 管理端子系统的完整功能需求

（1）登录功能。进入"财务问答后台管理系统"，输入教职工号与密码后进行登录。

（2）教职工信息管理。

① 添加教职工。在添加教职工页面填写用户名、教职工号、密码，确认密码后单击"立即创建"即可新增一名教职工用户。

② 删除教职工。在删除教职工页面通过职工姓名和工号进行搜索。单击"删除"按钮弹出删除提示，单击"确定"即可删除，单击"取消"即可取消删除操作。

③ 批量删除教职工。勾选要删除的教职工名字，单击"一键删除"按钮弹出删除提示，单击"确定"按钮即可一键删除，单击"取消"即可取消一键删除操作。

④ 批量导入教职工。单击"批量上传"按钮弹出导入表格页面，将文件拖至提示的位置或者通过路径寻找后单击"确定"按钮即可批量导入教职工，单击"取消"按钮即可取消上传

操作。

⑤ 修改教职工。在教职工管理的修改教职工页面单击"编辑"按钮,可进入编辑页面,可以修改用户名、教职工号和密码,并且可以通过教职工姓名和工号进行搜索。

(3) 类别管理。

① 新增类别。在新增类别页面单击"新增类别",输入类别名即可新增一个问题类别。

② 修改类别。在修改类别页面单击"编辑"按钮,进入编辑类别页面,可以修改类别名称。

③ 删除类别。在删除类别页面单击"删除"按钮弹出删除提示,单击"确定"即可删除类别,单击"取消"即可取消删除操作。

(4) 问题管理。

① 添加问题。在添加问题页面选择所需的类别、填写问题以及答案,单击"提交"即可成功创建问题。将文件拖至提示的位置或者通过路径寻找后单击"确定"按钮即可上传文件,单击"取消"按钮即可取消上传操作。

② 修改问题。在修改问题页面单击"编辑"按钮,进入编辑类别页面,可以修改问题和答案。

③ 删除问题。在删除问题页面单击"删除"按钮弹出提示,单击"确定"即可删除问题,单击"取消"即可取消删除操作。

④ 批量导入问题。在删除页面左上角单击"批量上传"按钮,将文件拖至提示的位置或者通过路径寻找后单击"确定"按钮即可上传文件,单击"取消"按钮即可取消上传操作。

(5) 统计管理。在统计管理页面中可查看问题的查询次数,也可以下载相关文件。

(6) 反馈管理。在反馈管理页面中可查看用户提问的问题、提问人的姓名、提问人的单位、提问人的电话以及提问该问题的时间。

4.7.2　高校财务问答系统数据流图

分析高校财务问答系统的功能需求,可以分别得到管理端子系统和用户端子系统的分层数据流图。

1. 管理端子系统数据流图

(1) 高校财务问答系统管理端主要用户为管理员,主要处理教职工信息、类别信息、问题信息、统计信息和反馈信息。高校财务问答系统管理端顶层数据流图如图 4-9 所示。

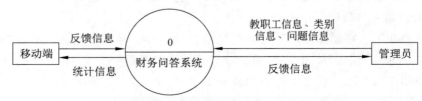

图 4-9　高校财务问答系统管理端顶层数据流图

(2) 高校财务问答系统管理端 1 层数据流图如图 4-10 所示。

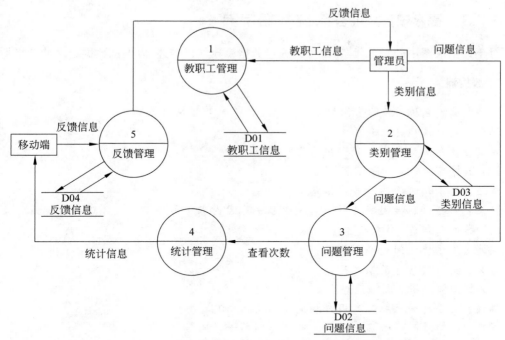

图 4-10 高校财务问答系统管理端 1 层数据流图

2．用户端子系统数据流图

（1）高校财务问答系统用户端主要用户为教职工，主要用于问答和反馈。高校财务问答系统用户端顶层数据流图如图 4-11 所示。

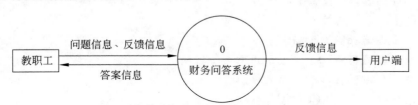

图 4-11 高校财务问答系统用户端顶层数据流图

（2）高校财务问答系统用户端 1 层数据流图如图 4-12 所示。

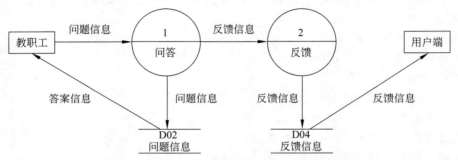

图 4-12 高校财务问答系统用户端 1 层数据流图

4.7.3   高校财务问答系统数据字典

对于数据流图中的每个元素,都可以通过数据字典加以描述,以保证数据定义的严格性。

1. 数据流

(1) 数据流名称:教职工信息。

描述:用户端用户信息。

定义:教职工信息＝工号＋用户名＋密码。

(2) 数据流名称:问题信息。

描述:用于传递问题及答案信息。

定义:问题信息＝问题类型＋问题内容＋答案内容＋文件名＋文件路径＋视频路径。

(3) 数据流名称:类别信息。

描述:用于传递问题类别信息。

定义:类别信息＝类型名称。

(4) 数据流名称:反馈信息。

描述:用于传递教职工在用户端提交的反馈信息。

定义:反馈信息＝姓名＋单位＋电话＋问题＋时间。

(5) 数据流名称:统计信息。

描述:用于统计教职工在用户端查询某问题的次数。

定义:统计信息＝问题内容＋查询次数。

2. 数据存储

(1) 数据存储名称:教职工信息。

编号:D01。

描述:用于存储教职工数据。

定义:教职工信息＝ID＋工号＋用户名＋密码。

存储方式:数据库表,以 ID 为主键。

(2) 数据存储名称:问题信息。

编号:D02。

描述:用于存储问题及答案数据。

定义:问题信息＝ ID＋问题类型＋问题内容＋答案内容＋文件名＋文件路径＋视频路径＋查询次数。

存储方式:数据库表,以 ID 为主键。

(3) 数据存储名称:类别信息。

编号:D03。

描述:用于存储问题类别数据。

定义:类别信息＝ID＋类别名称。

存储方式:数据库表,以 ID 为主键。

(4) 数据存储名称:反馈信息。

编号:D04。

描述：用于存储教职工反馈的问题数据。

定义：反馈信息＝ID＋姓名＋单位＋电话＋问题＋时间＋工号。

存储方式：数据库表，以 ID 为主键。

3. 数据元素

（1）数据元素名称：工号。

描述：用于唯一标识教职工。

类型：整型。

长度：10。

定义：工号＝10{数字字符}10。

（2）数据元素名称：时间。

描述：用于表示提交反馈信息的当前系统时间。

类型：日期时间型。

定义：时间＝年＋月＋日＋时。

4.7.4 高校财务问答系统 E-R 图

根据需求分析,可以得到系统的 E-R 图。高校财务问答系统 E-R 图如图 4-13 所示。

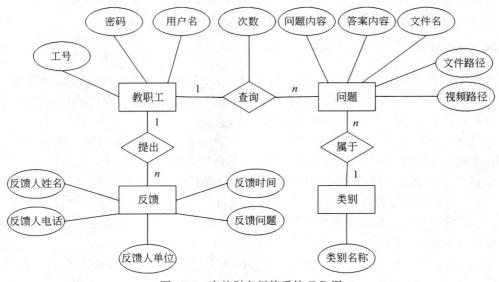

图 4-13 高校财务问答系统 E-R 图

4.8 习题

一、填空题

1.结构化分析模型是以数据字典为核心,使用_____图来描述数据对象及其关系;

使用数据流图描述数据在系统中如何被传递和变换的,从而建立_____模型。

2. 数据流图有四个基本成分,分别是_____、_____、_____和_____。

3. 在数据流图中,_____是数据在系统内传递的路径,因此由一组成分固定的数据组成;加工又称为数据处理,是对数据流进行某种操作或_____。

二、选择题

1. 假设有三个实体:学生、院系、课程。若一名学生属于一个院系,一个院系有多名学生;一名学生可以选择多门课程,一门课程可被多名学生选择。院系和学生之间的联系,学生和课程之间的联系描述准确的是(   )。

    A. 1:*,1:*   B. *:1,*:1   C. 1:*,*:*   D. *:1,*:*

2. 结构化分析方法使用的描述工具(   )定义了数据流图中每一个图形元素。

    A. 数据流图   B. 数据字典   C. 判定表   D. 判定树

3. 在结构化分析方法中,与数据流图配合使用的是(   )。

    A. 结构图   B. 实体联系图   C. 数据字典   D. 程序流程图

三、简答题

1. 结构化分析过程包括哪些步骤?

2. 什么是状态转换图? 是否需要对系统的所有实体绘制状态转换图,为什么?

3. 为什么需要使用数据字典对数据流图做出补充和完善?

四、综合题

1. 请通过对学生成绩管理系统进行调研分析,为某高校学生成绩管理系统设计一个E-R模型。该系统中,每门课程由一位教师讲授,每位教师可以担任多门课程的教学工作;一门课程允许多名学生选修,且每名学生可以选修多门课程。

2. 请为某仓库管理系统设计一个 E-R 模型。该仓库主要管理零件的订购和供应等事务。仓库向工程项目供应零件,并且根据需要向供应商订购零件。

3. 请绘制出仓库管理系统的分层数据流图。仓库管理系统工作过程:

(1) 企业职员填写领料单,经主管审查签名批准后,职工到仓库领取零件;

(2) 仓库管理员检查领料单是否符合审批手续,不合格的领料单退还职工,领料单合格则办理领料手续,进行登记,修改库存量并发放零件;

(3) 当某种零件的库存量低于事先规定的临界值时,登记需求采购零件的订货信息,为采购部门提供一张订货单;

(4) 要求使用计算机完成领料工作和编制订货单工作。

4. 某医院打算开发一个以计算机为中心的患者监护系统。医院对患者监护系统的基本功能要求是:随时接收每个患者的生理信号(脉搏、体温、血压、心电等);定时记录患者情况以形成患者日志;当某个患者的生理信号超出医生规定的安全范围时,系统向值班护士发出警告信息;此外,护士在需要的时候还可以要求系统打印出某个指定患者的病情报告。请绘制出患者监护系统的分层数据流图。

5. 假设某家工厂的采购部每天需要一张订货报表,报表按零件编号排序,表中列出所有需要再次订货的零件,并且列出关于这些零件的下列数据:零件编号、零件名称、订货数量、目前价格、主要供应者、次要供应者。零件入库或出库统称为事务,由仓库管理员从计算机终端把事务输入给订货系统。当某种零件的库存量少于库存量临界值时需要再次订货。请绘制出该仓库零件订货系统的分层数据流图。

6. 请对综合题第 5 题所述的零件订货系统设计数据字典。

(1) 对"零件订货系统"中对数据流"订货报表"进行定义和描述。

(2) 对"零件订货系统"中数据存储"库存清单"进行定义和描述。

(3) 对"零件订货系统"中对数据元素"零件编号"进行定义和描述。

7. 某航空公司行李托运费的计算算法规定:重量不超过 30 公斤的行李可免费托运;重量超过 30 公斤时,对超运部分,头等舱国内乘客收 4 元/公斤;其他舱位国内乘客收 6 元/公斤;国外乘客收费为国内乘客的 2 倍;残疾乘客的收费为正常乘客的1/2。试用判定表来表示上述行李托运费的算法。

8. 银行计算机储蓄系统的工作过程大致如下:储户填写的存款单或取款单由业务员键入系统,如果是存款则系统记录存款人姓名、住址(或电话号码)、身份证号码、存款类型、存款日期、到期日期、利率及密码(可选)等信息,并打印出存款存单给储户;如果是取款而且存款时留有密码,则系统首先核对储户密码,若密码正确或存款时未留密码,则系统计算利息并打印出利息清单给储户。请用数据流图描绘本系统的功能,并用 E-R 图描绘系统中的数据对象。

第 5 章

结构化设计

CHAPTER 5

需求分析解决"做什么"的问题，软件设计实现软件的需求，即要解决"怎么做"的问题。软件设计就是要把需求规格说明书中归纳的需求转换为可行的解决方案，并把解决方案反映到设计说明书里。结构化设计是运用一组标准的准则和工具帮助系统设计人员首先确定系统由哪些模块组成，这些模块用什么方法连接在一起，然后逐步细化、修改，最后得到系统结构的过程。

教学目标：

（1）了解结构化的设计原则；

（2）掌握数据设计、软件结构设计、接口设计、过程设计的方法和过程；

（3）能够利用软件设计工具编写设计文档。

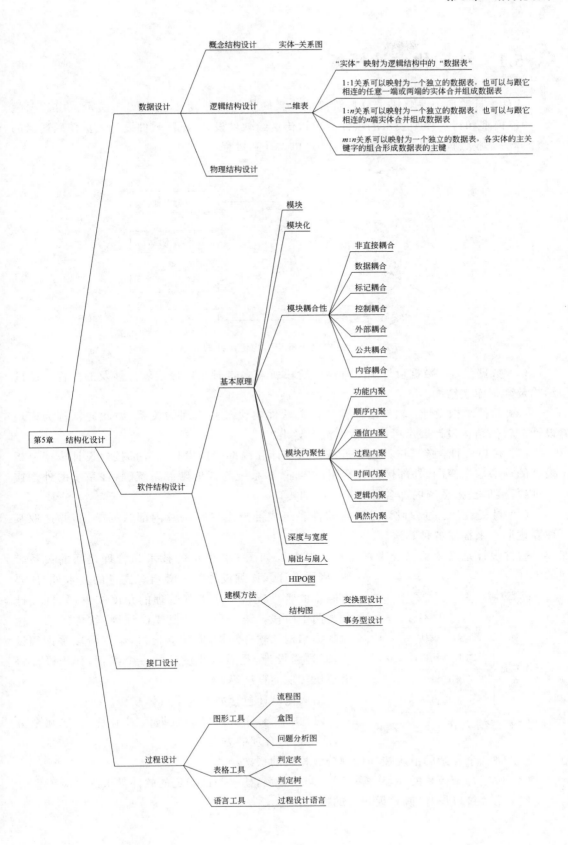

5.1 结构化设计任务

软件设计阶段就是将需求分析阶段的成果转换为四种设计,如图 5-1 所示。由数据模型、功能模型和行为模型表示的软件需求被传送给软件设计人员,软件设计人员使用适当的设计方法完成数据设计、软件结构设计、接口设计和过程设计。

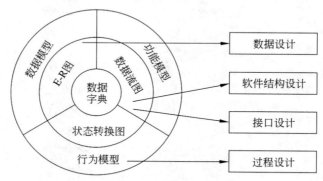

图 5-1　结构化分析与结构化设计的关系

（1）数据设计：数据设计是根据需求阶段所建立的 E-R 图确定软件涉及的文件系统的结构及数据库表结构。

（2）软件结构设计：软件结构设计定义软件模块及其之间的关系,因此通常称为模块设计。软件结构设计表示可以从数据流图导出。

（3）接口设计：接口设计包括外部接口设计和内部接口设计。外部接口设计依据分析模型的顶层数据流图,外部接口包括用户界面、本系统与其他硬件系统、软件系统的外部接口;内部接口是指系统内部各种元素之间的接口。

（4）过程设计：过程设计是确定软件各组成部分内的算法及内部数据结构,并选取某种表达形式来描述各种算法。

软件设计是后续编码及维护工作的基础。如图 5-2 所示的技术和管理之间的关系表明,概要设计和详细设计除了必须有先进的技术外,还要有同步的管理支持。从工程管理的角度来看,软件设计分为两个阶段。第一阶段是概要设计,将软件需求转化为数据结构和软件结构,并建立接口;第二阶段是详细设计,即过程设计,是对概要设计的一个细化,详细设计每个模块实现的算法等。

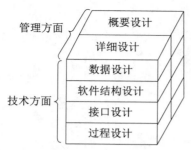

图 5-2　技术与管理之间的关系

结构化设计包含如下 8 个具体步骤。

（1）从需求分析阶段的数据流图出发,制定几个方案,从中选择合理的方案。

（2）将一个复杂的系统按功能划分成模块的层次结构。

（3）确定每个模块的功能、模块间的调用关系,建立与已确定的软件需求的对应关系。

（4）系统接口设计,确定模块间的接口信息。

（5）数据结构及数据库设计,确定实现软件的数据结构和数据库模式。

（6）依据分析模型中的处理(加工)规格说明、状态转换图等进行过程设计。

（7）确定测试计划。

（8）撰写软件设计文档。

5.2　数据设计

数据设计就是将需求分析阶段定义的数据对象(E-R 图、数据字典)转换为设计阶段的
数据结构和数据库,包括两方面。第一方面是数据结构设计,采用伪代码的方式定义数据结构。第二方面是数据库结构设计,包括概念结构设计、逻辑结构设计和物理结构设计。数据库结构设计如图 5-3 所示。

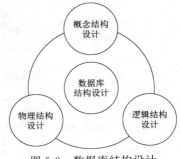

图 5-3　数据库结构设计

1. 概念结构设计

概念结构是系统中各种数据模型的共同基础,它描述了系统最基础的数据结构,独立于特定的数据库系统。在进行概念结构设计时,经常使用 E-R 图作为建模工具。通过对需求分析中数据部分的分析,在数据实体、属性和关系之间建立模型。因此,E-R 图既是需求分析阶段的重要模型,也是在设计过程中数据库设计的基础。

2. 逻辑结构设计

逻辑结构提供了比较接近数据库内部构造的逻辑描述,它能够为数据库的物理结构创建提供便利。在逻辑结构设计中,需要把 E-R 图转换成逻辑模型,通常使用到的逻辑模型是关系模型。关系模型中数据的逻辑结构是一张二维表,它由行和列组成。

3. 物理结构设计

物理结构是指数据库的物理数据模型,它包括数据库服务器物理空间上的表、存储过程、字段、视图、索引等,与特定的数据库管理系统密切相关。

【例 5-1】　高校教材管理系统的 E-R 图如图 5-4 所示。

逻辑结构设计时需要完成 E-R 模型向关系模型的映射。在关系型数据库中,数据表是数据的存储单位。在映射的过程中,需要遵循以下 4 个规则。

（1）将数据库概念结构中的"实体"映射为逻辑结构中的"数据表",实体的属性可以用数据表的字段来表示,实体的主关键字作为数据表的主键。如例 5-1 中,教师、管理员、教材、课程、专业都映射为一个独立的数据库表。

（2）数据库概念结构中的 1∶1 关系可以映射为一个独立的数据表,也可以与跟它相连的任意一端或两端的实体合并组成数据表。如例 5-1 中,教材与课程是一对一关系,选用课程编号可以作为教材表中的一个字段,同时选用教材编号也可以作为课程表中的一个字段。

（3）数据库结构中的 1∶n 关系可以映射为一个独立的数据表,也可以与跟它相连的 n

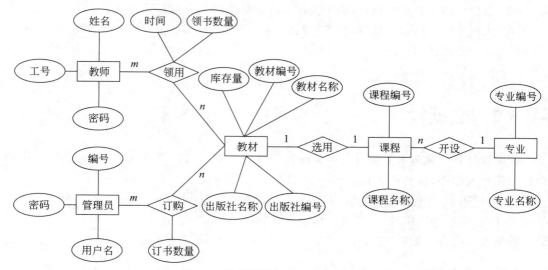

图 5-4 高校教材管理系统的 E-R 图

端实体合并组成数据表。如例 5-1 中,专业与课程是一对多关系,开设专业编号可以作为课程表中的一个字段。

（4）数据库结构中的 $m:n$ 关系可以映射为一个独立的数据表,各实体的主关键字的组合形成数据表的主键。如例 5-1 中,教师与教材是多对多关系,领用关系可以映射为领用表,教师表的主关键字工号与教材表的主关键字教材编号组合形成领用表的主键。

根据以上规则,某高校教材管理系统 E-R 模型可以映射为如下数据库的逻辑结构。

教师表(工号、密码、姓名)
管理员表(编号、密码、用户名)
教材表(教材编号、教材名称、出版社编号、出版社名称、库存量、选用课程编号)
课程表(课程编号、课程名称、选用教材编号、开设专业编号)
专业表(专业编号、专业名称)
领用表(教师工号、教材编号、时间、领书数量)
订购表(管理员编号、教材编号、订书数量)

得到数据库的逻辑结构之后,就可以将模型进一步表示为物理空间上的表、字段、索引等。

5.3 软件结构设计

软件结构设计的主要目标是设计一个模块化的程序结构,并给出各个模块之间的控制关系。

5.3.1 软件结构设计基本原理

1. 模块

模块是数据说明、可执行语句等程序对象的集合,是构成程序的基本构件。模块具有以下几种基本属性,其中接口、功能和状态反映模块的外部特性,逻辑反映模块的内部特性。

(1) 接口:模块的输入与输出。

(2) 功能:模块需要完成的任务。

(3) 状态:模块的运行环境,即模块的调用与被调用关系。

(4) 逻辑:描述内部功能实现及所需的数据。

2. 模块化

软件设计的重要原则是模块化。模块化是指解决一个复杂问题时自顶向下逐层把软件系统划分成若干模块的过程。每个模块完成一个特定的子功能。模块集成起来可以构成一个整体,完成整个系统的功能,进而满足用户需求。

模块化是软件设计中的一个重要属性,将软件设计模块化有助于研发人员理解、设计、测试和维护软件。以下论据可以说明这一点。

设问题 M 的复杂性为 $C(M)$,解决它所需要的工作量为 $E(M)$。因此,对于问题 M_1 和 M_2,如果

$$C(M_1) > C(M_2)$$

即问题 M_1 比 M_2 复杂,那么

$$E(M_1) > E(M_2)$$

即问题越复杂,所需要的工作量越大。

根据解决一般问题的经验可知

$$C(M_1 + M_2) > C(M_1) + C(M_2)$$

即一个问题同另一个问题组合而成的复杂性要大于分别考虑每个问题的复杂性之和。这样可以推出

$$E(M_1 + M_2) > E(M_1) + E(M_2)$$

通过以上得到的结论可知:如果把软件模块进行划分,那么开发软件所需要的工作量将减少很多。

3. 模块耦合性

软件结构中模块之间互相依赖的程度使用耦合性来度量,耦合性从高到低有 7 种。模块耦合性如图 5-5 所示。耦合的强弱取决于模块间接口的复杂程度,一般由模块之间的调用方式、传递信息的类型和数量来决定。如果系统中两个模块彼此间完全独立,不需要另一个模块就能单独工作,则这两个模块之间耦合程度最低。模块设计的目标之一就是实现尽可能低的耦合性。

图 5-5　模块耦合性

(1) 非直接耦合:一组模块之间没有直接关系,它们之间的联系完全是通过主模块的

控制和调用来实现的。非直接耦合的模块独立性最强。

（2）数据耦合：一组模块彼此之间通过简单数据参数来交换输入、输出信息。

（3）标记耦合：一组模块通过参数表传递记录信息。记录信息是某一数据结构的子结构，而不是简单变量。

（4）控制耦合：一组模块间传递的信息中有标志、名字等控制信息。控制耦合是中等程度的耦合。

（5）外部耦合：一组模块访问同一全局简单变量而不是同一全局数据结构，而且不是通过参数表传递该全局变量的信息。

（6）公共耦合：一组模块都访问同一个公共数据环境。公共的数据环境可以是全局数据结构、共享的通信区等。公共耦合如图 5-6 所示，有松散公共耦合和紧密公共耦合两种情况。松散公共耦合中，一个模块向公共环境传递数据，另一个模块从公共环境读取数据；而紧密公共耦合中，两个模块都可以向公共环境传递数据，也都可以从公共环境中读取数据。

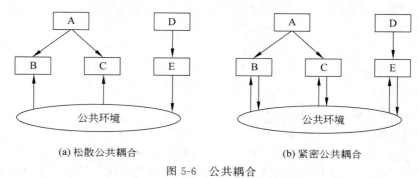

(a) 松散公共耦合   (b) 紧密公共耦合

图 5-6　公共耦合

（7）内容耦合：一个模块直接访问另一个模块的内部数据，或是一个模块不通过正常入口转到另一模块内部，或是两个模块有一部分程序代码重叠，或是一个模块有多个入口。

耦合是影响模块结构和软件复杂程度的一个重要因素。在设计模块时尽量做到把模块之间的连接限制到最少，确保模块环境的任何变化都不应引起模块内部发生改变。一般来说，在传递信息时尽量使用数据耦合，少使用控制耦合，不采用内容耦合，尽量控制公共耦合。

4. 模块内聚性

模块内聚性是衡量构成模块的各部分之间结合的紧密程度标准，从高到低可以分为 7 种。模块内聚性如图 5-7 所示。理想的模块只完成一个功能，模块设计的目标之一就是实现尽可能高的内聚性。

图 5-7　模块内聚性

（1）功能内聚：一个模块中各个处理任务都是完成某一具体功能必不可少的组成部

分。功能内聚是最高程度的内聚。

（2）顺序内聚：一个模块内可能包含多个处理任务，这些任务按顺序执行，形成操作序列，而且前一个任务的输出是下一个任务的输入。

（3）通信内聚：一个模块内各处理任务都使用了相同的输入数据，或产生了相同的输出数据。

（4）过程内聚：一个模块内的处理任务是相关的，必须以特定次序执行。通过流程图确定模块的划分，得到过程内聚的模块。

（5）时间内聚：一个模块内的处理任务需要在同一时间内执行。

（6）逻辑内聚：一个模块内的处理任务逻辑上相同或相似。

（7）偶然内聚：一个模块完成一组处理任务，但这些任务之间关系松散。

模块功能划分的粗细是相对的，所以模块的内聚程度也是相对概念。一般来说，在系统较高层次上的模块功能较复杂，内聚要低一些；而较低层次上的模块内聚程度较高，达到功能内聚的可能性比较大。

5. 软件结构特征

软件结构的形态特征主要包括深度、宽度、扇出、扇入，下面以图 5-8 所示的结构图示例进行讨论。

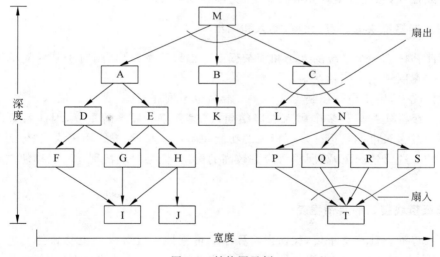

图 5-8　结构图示例

（1）深度：指模块的层数，图 5-8 示例中深度为 5。

（2）宽度：指一层中最大的模块个数，图 5-8 示例中宽度为 7。

从图 5-8 所示的结构图的形态特征可以看出，一个系统的大小和系统的复杂程度在一定程度上可以使用深度和宽度表示，系统越大越复杂，其深度和宽度也越大。而深度与程序的语句效率和模块大小的划分有关。设计者在软件结构设计过程中主要关心的是模块的高内聚和低耦合。所以，实际上，深度只是对软件结构设计好坏的一种测度。例如，一个程序有 100 条语句，如果将其划分为 10 个模块并用 10 层来调用，则肯定分解过多。

（3）扇出：指一个模块直接下属模块的个数，图 5-8 示例中模块 M 的扇出为 3。

（4）扇入：指一个模块直接上属模块的个数，图 5-8 示例中模块 T 的扇入为 4。

从图 5-8 所示的结构图的形态特征可以看出，如果扇出过大，则使它们上级模块需要过多地控制这些从属模块而增加复杂度。

5.3.2　软件结构设计原则

1. 提高模块独立性

设计出软件的初步结构以后，通过模块的分解或合并，力求降低耦合提高内聚，从而提高模块独立性。将各个模块公共的部分提取出来生成一个单独的高内聚模块；也可通过分解或合并模块以减少控制信息的传递及对全局数据的引用，降低接口的复杂程度。

2. 选择合适的模块规模

限制模块的规模也可以降低复杂性。模块的规模可以用模块中所含语句的数量来衡量。如果模块的规模过小，那么模块的数目就会较多，增大了模块之间相互调用关系的复杂度，同时也增加了模块调用上的开销。如果模块的规模过大，那么模块内部的复杂度就会较大，也就加大了日后测试和维护工作的难度。虽然没有统一的标准来规范模块的规模，但是一般情况下，一个模块规模应当由它的功能和用途来决定。对于过大或过小的模块能否进一步分解或合并，还应根据具体情况而定，关键要保证模块的独立性。

3. 适当选择模块的深度、宽度、扇入和扇出

深度能够标志一个系统的大小和复杂程度。如果层数过多，则对于某些简单模块考虑适当合并。宽度越大系统越复杂。

一般情况下，扇出最好控制为 3～4 个，最高也不要超过 6～7 个。扇入越大，表示模块被更多的上级模块共享。多个扇入入口相同，这就避免了程序的重复，因此希望扇入高一点。但扇入过多又可能是把许多不相关的功能硬凑在一起，形成通用模块，这样的模块必然是低内聚的。通常情况下，高层模块应有较高的扇出，低层模块特别是底层模块应有较高的扇入。

4. 降低模块接口的复杂程度

模块接口的设计非常重要，往往影响程序的可读性。接口复杂也是软件发生错误的一个主要原因，而高耦合或低内聚是接口复杂的主要原因。在模块设计时，应尽量使信息传递简单并且和模块的功能一致。

5.3.3　HIPO 图

HIPO（Hierarchy Input Process Output）图是层次化的输入-处理-输出图。HIPO 图实际上是层次图和 IPO 图的结合。为说明 HIPO 图，先简要介绍 IPO 图和层次图。

1. IPO 图

IPO 图是输入-处理-输出图的简称。它具有简单、易用、描述清晰的特点，用来表示一

个加工比较直观,对设计很有帮助。

一个完整的 IPO 图由三个大方框组成。左边的方框内列出有关的输入数据,称为输入框;中间的方框列出对输入数据的处理,称为处理框;右边的方框列出处理所产生的输出数据,称为输出框。处理框中从上至下的顺序表明系统操作的次序。输入数据同处理的关系,处理同输出数据的关系,用连接有关部分的箭头来表示。IPO 图实例如图 5-9 所示,在高校教材管理系统中,教师提交领书单后,系统会审查领书单是否合格,如果合格,将检索到教材信息,然后更新库存信息。

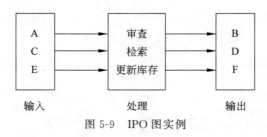

图 5-9　IPO 图实例

2. 层次图

层次图也叫 H 图,它是一个表示信息系统结构的有效工具。同模块结构图类似,但比较简单。层次图一个方框表示一个模块,方框内写模块名称。用方框间的连线表示模块间的层次关系。层次图非常清晰地表达了自顶向下的分析思想。图 5-10 为高校教材管理系统一个层次图的实例。

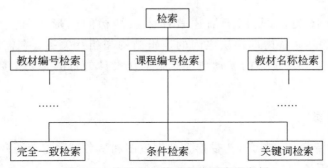

图 5-10　高校教材管理系统层次图实例

需要特别注意的是,虽然层次图和模块结构图外形相似,但两者所表示的内容完全不同。层次图说明模块之间的层次关系,但这种层次关系是包含关系而非调用关系,层次图也无法表达调用过程中的数据交换。

IPO 图和层次图不仅可以作为软件结构设计的工具,也可以作为需求分析的工具,关键在于它们所表达的数据、处理和功能的详略层次。

3. HIPO 图

HIPO 图是在 IPO 图和层次图基础上发展起来的,它是两图的有机结合。HIPO 图首先用一个层次图描述软件系统的结构,对于层次图中的每一个模块,都附加一个 IPO 图,用

以说明具体的输入输出数据和处理过程。即在 HIPO 图中,每一个层次图都对应一套 IPO
图。为使对应关系明确,除最顶层图外,对层次图中每个模块都标记一个编号,同该模块对
应的 IPO 图也标记一个相同的编号。如图 5-11 为 HIPO 图中的层次图部分,图 5-12 为
HIPO 图中的 IPO 图部分。

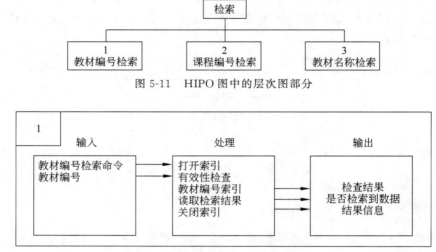

图 5-11　HIPO 图中的层次图部分

图 5-12　HIPO 图中的 IPO 图部分

5.3.4　结构图

结构图和层次图类似,是用于描述软件体系结构的图形工具。结构图(Structure
Chart,SC)是用于表达系统内部模块之间的逻辑结构和相互关系。在需求分析阶段,使用
数据流图来描述信息在系统中的流动情况。结构化设计的目的是要把数据流图映射成结
构图。

1. 数据流图分类

根据数据流的特征,一般可分为变换型数据流图和事务型数据流图两类。

(1)变换型数据流图

根据信息系统的模型,信息一般是以外部形式进入系统,通过系统处理后离开系统。从
其过程可以得出,变换型数据流图是一个线性结构。变换型数据流是由逻辑输入、变换中心
(或称处理)和逻辑输出三部分组成。变换型数据流图如图 5-13 所示。

变换型数据处理的工作过程一般分为获取数据、变换数据和输出数据。这三步体现了
变换型数据流图的基本思想。变换中心是系统的主加工。变换中心输入端的数据流称为系
统的逻辑输入,输出端称为逻辑输出。而直接从外部设备输入的数据称为物理输入,反之称
为物理输出。

(2)事务型数据流图

若某个加工将它的输入流分离成许多发散的数据流,形成许多平行的加工路径,并根据
输入的值选择其中一条路径来执行,这种特征的数据流图则称为事务型数据流图。事务型

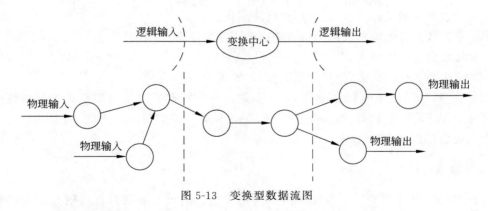

图 5-13 变换型数据流图

数据流图中的加工称为事务处理中心。事务型数据流图如图 5-14 所示。

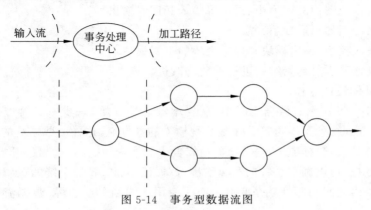

图 5-14 事务型数据流图

事务处理中心需要完成两项任务,第一,接收事务信息;第二,根据事务类型选取一条加工路径执行。

2. 结构图实施过程

结构图实施过程如图 5-15 所示,设计包括如下 4 个步骤。

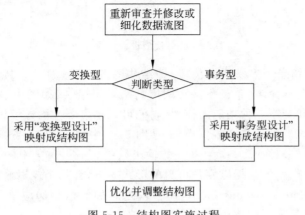

图 5-15 结构图实施过程

（1）对数据流图进行复审，必要时修改和细化。

（2）根据数据流图确定软件结构是变换型还是事务型。

（3）将数据流图映射成结构图。

（4）优化并调整结构图，使设计更完善。

需要注意的是，在实际软件项目中，并不是说一个数据流图就是属于其中某种数据流图。通常情况下，可能既具有变换型的特征，又具有事务型的特征。因此，需要结合起来进行混合数据流图的映射。

3. 变换型设计

变换型设计是将变换型数据流图转换为结构图。当数据流图具有较明显的变换特征时，按照下列步骤设计。

（1）确定数据流图中的变换中心、逻辑输入和逻辑输出。

（2）设计结构图的顶层和第一层。

（3）设计输入模块、输出模块和变换模块的下属模块。

（4）根据设计准则对初始结构进行细化和改进。

下面说明具体设计过程。

（1）在如图 5-16 所示的数据流图中，从物理输入端开始，一步一步沿着数据流方向向系统中心寻找，直到找到不能再被看作是系统输入的数据流，这样的数据流的前一个数据流就是系统的逻辑输入，数据流 f5 是系统的逻辑输入。同理，从物理输出端开始，逆数据流方向向系统中心寻找，可以确定系统的逻辑输出，数据流 f7 和 f8 是系统的逻辑输出。位于逻辑输入与逻辑输出之间的部分就是变换中心。使用虚线划分出边界，数据流图的三部分就确定了。

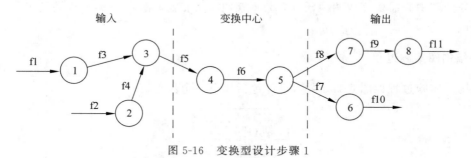

图 5-16   变换型设计步骤 1

（2）变换中心就相当于主模块的位置，即结构图的顶层，如图 5-17 所示。主模块位于最顶层，一般以系统名称命名，其任务是协调控制第一层模块，如图中的主控模块。第一层至少要有输入、输出和变换三种功能的模块，它们可以是多个。输入模块为主模块提供加工数据，有几个逻辑输入就设计几个输入模块，如图 5-17 中的 get f5。变换模块接收输入模块部分的数据，并对数据进行加工，产生系统的输出数据，如图 5-17 中 f5 变换成 f7 和 f8。输出模块将变换模块产生的数据以用户可见的形式输出，有几个逻辑输出，就设计几个输出模块，如图 5-17 中的 put f7 和 put f8。这些模块之间的数据传递应该与数据流图相对应，这样就得到了结构图的顶层和第一层。

（3）对第一层的输入、变换和输出模块自顶向下，逐层分解，为各类模块设计出其下属

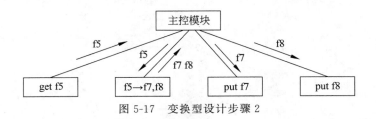

图 5-17　变换型设计步骤 2

模块。一般情况下,输入/输出下属模块的输入模块的功能是向调用它的模块提供数据,所以必须要有数据来源。这样输入模块应由接收输入数据和将数据转换成调用模块所需的信息两部分组成。因此,每个输入模块可以设计成接收和转换两个下属模块。用类似的方法一直分解下去,直到物理输入端,如图 5-18 中模块 get f5. get f3 和 get f4 的分解。get f1 和 get f2 为物理输入模块。输出模块的功能是将它的调用模块产生的结果送出,它由将数据转换成下属模块所需的形式和发送数据两部分组成。因此,每个输出模块可以设计成转换和发送两个下属模块。同样用类似的方法一直分解下去,直到物理输出端。如图 5-18 中的模块 put f7、put f8 和 put f9 的分解。模块 put f10 和 put f11 为物理输出模块。变换模块的下属模块一般对数据流中每个基本加工建立一个功能模块,如图 5-18 中的模块 4 和 5 等。

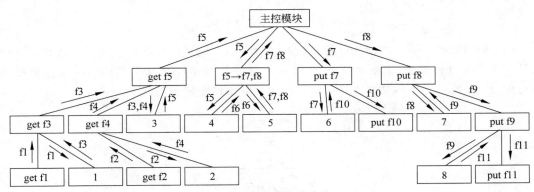

图 5-18　变换型设计步骤 3

以上步骤设计出的结构图仅仅是初始结构,还需要根据设计准则对初始结构进行细化和改进,以设计出由高内聚和低耦合的模块所组成的且具有良好特性的软件结构。

4. 事务型设计

事务型设计是将事务型数据流图转换为结构图。当数据流图具有事务型特征时,按照下列 3 个步骤设计。

(1) 确定数据流图中的事务中心和加工路径。

(2) 设计结构图的顶层和第一层。

(3) 进行事务结构中、下层模块的设计和优化等工作。

下面说明具体设计过程。

(1) 当数据流图中的某个加工具有明显的将一个输入数据流分解成多个发散的输出数据流时,该加工就是事务中心。从事务中心辐射出去的数据流为各个加工路径,如图 5-19 所示。

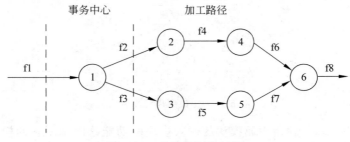

图 5-19　事务型设计步骤 1

（2）事务中心和事务处理路径确定后，为事务中心设计一个主模块。为加工路径设计一个调度模块，它控制下层的所有活动模块。为输入部分设计一个输入模块，如图 5-20 中的 get f1。如果一个事务数据流图的活动路径集中于一个加工，则设计一个输出模块，如图 5-20中的 put f8 为输出模块，否则第一层不设计输出模块。

图 5-20　事务型设计步骤 2

（3）采用变换型设计的细化过程，对输入模块、输出模块进行细化。为每一条活动路径设计一个事务处理模块，如图 5-21 中的 f2→f6 模块与 f3→f7 模块。然后对各条路径模块进行细化，如图 5-21 中的 2、3、4、5 模块。细化后的结构图如图 5-20 所示。

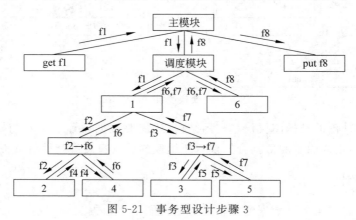

图 5-21　事务型设计步骤 3

5.4　接口设计

结合业务、功能、部署等因素将软件系统逐步分解成模块，模块与模块之间就必须根据各模块的功能定义对应的接口。概要设计中的接口设计主要包括以下 3 方面。

（1）用户界面接口。用户界面接口设计即人机接口的设计，突出用户如何操作系统以及系统如何向用户返回信息。

（2）外部接口。用于说明系统同外界的所有接口的安排,包括软件与硬件之间的接口、系统与各支持软件之间的接口。

（3）内部接口。用来说明系统之内的各个系统元素之间的接口。

5.4.1　用户界面接口设计

人机交互部分的友好性直接关系到一个软件系统的成败,设计结果对用户工作效率可产生重要影响。

1. 用户界面设计原则

（1）界面形式应力求简单、友好。

（2）界面设计应提供一定的容错或纠错机制。用户在与系统交互的过程中难免会进行错误操作,因此,应该提供友好提示并可以使用户撤销错误操作。

（3）界面设计应符合用户的实际需求和使用习惯。

2. 用户界面设计过程

用户界面设计过程如图 5-22 所示。首先创建界面模型;然后通过分析需求规格说明书,导出终端用户所需的所有任务;然后将系统响应时间、用户求助机制、错误信息处理和命令方式等问题作为重要的设计问题来考虑;实现界面原型,由用户进行检查;针对用户的意见对设计进行修改,完成下一步的原型,评估过程不断进行,直到用户满意为止。

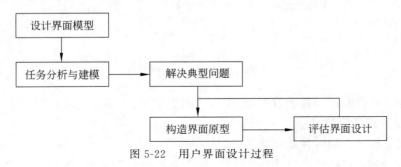

图 5-22　用户界面设计过程

5.4.2　外部接口设计和内部接口设计

外部接口设计也称为部署设计,描述软件功能和子系统如何在支持软件的物理计算环境（如系统的硬件环境、软件环境和网络环境）内分布,以及系统如何部署。

内部接口设计与模块设计是紧密联系的,需要设计各个模块之间的通信、协作。

5.5　过程设计

在详细设计阶段进行过程设计时,需要对所采用算法的逻辑关系进行分析,设计出全部必要的过程细节,并给予清晰的表达,以便在系统实现阶段能根据详细设计的描述直接进行编程。在过程设计时,可采用图形、表格、语言等工具。

（1）图形工具：如流程图、盒图（N-S 图）、问题分析图（PAD 图）等。

（2）表格工具：如判定表、判定树等。

（3）语言工具：如过程设计语言（PDL）等。

5.5.1　流程图

流程图也称为程序框图，采用简单规范的符号，是对某一个问题的定义、分析或解法的图形表示。

1. 流程图表示

流程图表示了程序的操作顺序，包括指明实际处理操作的处理符号、根据逻辑条件确定要执行的路径的符号、指明控制流的流线符号、便于读写程序流程图的特殊符号。

标准程序流程图符号如图 5-23 所示。

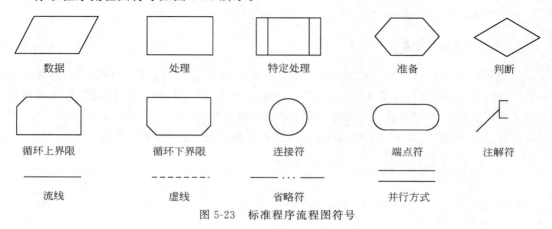

图 5-23　标准程序流程图符号

（1）数据：平行四边形表示数据，其中可注明数据名、来源、用途或其他的文字说明，此符号并不限定数据的媒体。

（2）处理：矩形表示各种处理功能。

（3）特定处理：带有双纵边线的矩形表示已命名的特定处理，该处理为在另外地方已得到详细说明的一个操作或一组操作。

（4）准备：六边形符号表示准备，它表示修改一条指令或一组指令以影响随后的活动。

（5）判断：菱形表示判断或开关，菱形内可注明判断的条件，它只有一个入口，但可以有若干个可供选择的出口。

（6）循环上/下界限：循环界限为去上角矩形表示的上界限和去下角矩形表示的下界限构成，分别表示的一对符号内应注明同一循环标识符，可根据检验终止循环条件在循环的开始还是在循环的末尾，将其条件分别在上界限符内注明（如：当 A＞B)或在下界限符内注明（如：直到 C＜D)。

（7）连接符：圆表示连接符，用以表明转向流程图的它处，或从流程图它处转入。它是流线的断点，在图内注明某一标识符，表明该流线将在具有相同标识符的另一连接符处继续下去。

（8）端点符：扁圆形表示转向外部环境或从外部环境转入的端点符,如程序流程的起始或结束、数据的外部使用起点或终点。

（9）注解符：注解符由纵边线和虚线构成,用以标识注解的内容,虚线须连接到被注解的符号或符号组合上,注解的正文应靠近纵边线。注解符如图 5-24 所示。

图 5-24　注解符

（10）流线：直线表示控制流的流线。

（11）虚线：虚线用于表明被注解的范围或连接被注解部分与注解正文。

（12）省略符：若流程图中有些部分无须给出符号的具体形式和数量,可用三点构成的省略符表示。省略符应夹在流线符号之中或流线符号之间。

（13）并行方式：一对平行线表示同步进行两个或两个以上并行方式的操作。并行方式示例如图 5-25 所示。图 5-25 中在处理 A 完成后才能进行处理 C,D 和 E;同样,处理 F 要等处理 B,C,D 完成以后进行,但处理 C 可以处理 D 开始和(或)结束前开始和(或)结束。

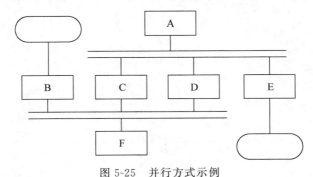

图 5-25　并行方式示例

2. 流程图基本结构

流程图可以表示三种基本结构,即顺序结构、选择结构和循环结构。流程图如图 5-26 所示。任何复杂的流程图都应由这三种基本结构组合嵌套而成。

（1）顺序结构：如图 5-26(a)所示,由几个连续的执行步骤依次排列构成。

（2）选择结构：选择结构包括简单选择结构与多分支选择结构。由某个逻辑判断式的取值决定选择两个加工中的一个,这种结构就是简单选择结构,如图 5-26(b)所示。列举多种执行情况,根据控制变量取值执行某一个分支,这种结构就是多分支选择结构,如图 5-26(c)所示。

（3）循环结构：循环结构包括先判定型循环和后判定型循环。先判定型循环结构如图 5-26(d)所示,在循环控制条件成立时,重复执行特定的循环。后判定型循环结构如图 5-26(e)所示,重复执行特定的循环,直到控制条件成立。

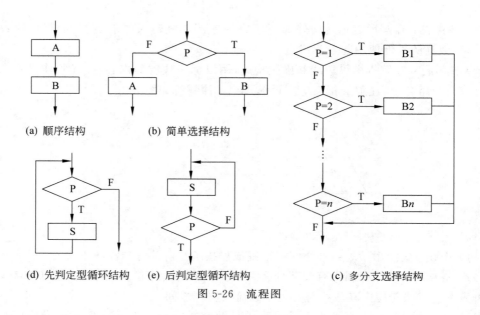

(a) 顺序结构   (b) 简单选择结构   (c) 多分支选择结构

(d) 先判定型循环结构   (e) 后判定型循环结构

图 5-26   流程图

3. 流程图实例

【**例 5-2**】   输入数组 A,计算其最大值 Max 并输出。计算最大值流程图如图 5-27 所示。

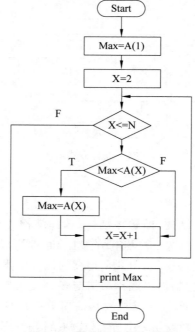

图 5-27   计算最大值流程图

4. 流程图优缺点

流程图采用简单的符号表示了程序的多种结构,逻辑性强,便于理解;但流程图本质上不是逐步求精的设计工具,不易表示数据结构,当程序比较复杂时,流程图也会变得烦琐和复杂。

5.5.2 盒图

盒图又称为 N-S 图。盒图没有箭头,不允许随意转移,只允许程序员用结构化设计方法来思考问题、解决问题。

1. N-S 图表示

N-S 图如图 5-28 所示。每个"处理步骤"是用一个盒子表示的,所谓"处理步骤"可以是语句或语句序列。需要时,盒子中还可以嵌套另一个盒子,嵌套深度一般没有限制。由于只能从上边进入盒子然后从下边走出,除此之外没有其他的入口和出口,所以,N-S 图限制了随意的控制转移,保证了程序的良好结构。

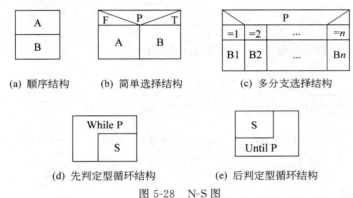

(a) 顺序结构　　(b) 简单选择结构　　(c) 多分支选择结构

(d) 先判定型循环结构　　　(e) 后判定型循环结构

图 5-28　N-S 图

(1) 顺序结构:如图 5-28(a)所示。

(2) 选择结构:选择结构包括简单选择结构和多分支选择结构。简单选择结构如图 5-28(b)所示;多分支选择结构如图 5-28(c)所示。

(3) 循环结构:循环结构包括先判定型循环和后判定型循环。先判定型循环结构如图 5-28(d)所示;后判定型循环结构如图 5-28(e)所示。

2. N-S 图实例

【例 5-3】 输入数组 A,计算其最大值 MAX 并输出。计算最大值 N-S 图如图 5-29 所示。

3. N-S 图优缺点

N-S 图形象直观、符号简单,且具有良好的可见度,因此可以有效保证设计质量和程序质量;但当程序嵌套层次较多时不易修改且可读性较差。

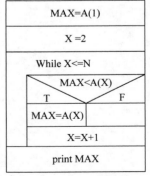

图 5-29　计算最大值 N-S 图

5.5.3　问题分析图

问题分析图(Problem Analysis Diagram,PAD)是从程序流程图演化而来的,它针对程序流程图的某些特点,进行了适当的改进。

1. PAD 图表示

PAD 图用二维树型结构表示程序的控制流,如图 5-30 所示。图 5-30 中最左边的竖线是程序的主线,即第一层控制结构,随着程序层次的增加,PAD 图逐渐向右延伸,每增加一个层次,图形向右扩展一条竖线。PAD 图中竖线的总条数就是程序的层次数。

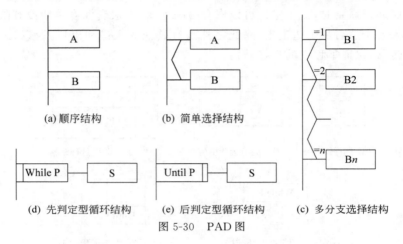

图 5-30　PAD 图

2. PAD 图实例

【**例 5-4**】　输入数组 A,计算其最大值 MAX 并输出,计算最大值 PAD 图如图 5-31 所示。

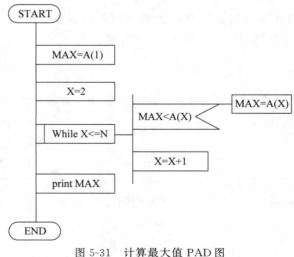

图 5-31　计算最大值 PAD 图

3. PAD 图优缺点

PAD 图程序结构层次清晰，程序中含有的层次数即为问题分析图中的纵线数，因此可读性较好；但 PAD 图不易在计算机上执行。

5.6 应用案例——高校财务问答系统结构化设计

5.6.1 概要设计

1. 功能模块设计

通过对用户需求的进一步分析，并结合软件设计中的高内聚和低耦合的标准，得到功能模块图。财务问答系统功能模块图如图 5-32 所示。系统由用户端子系统和管理端子系统构成。用户端子系统包括用户登录、用户问答和问题反馈等子模块，管理端子系统包括管理员登录、教职工管理、类别管理、问题管理、统计管理和反馈管理等子模块。

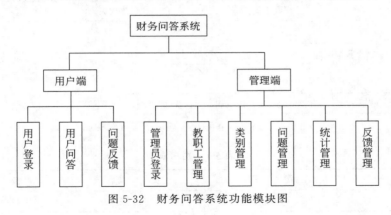

图 5-32 财务问答系统功能模块图

2. 软件结构设计

根据第 4 章结构化分析绘制的数据流图，分别进行用户端子系统和管理端子系统的结构图设计。财务问答系统用户端子系统结构图如图 5-33 所示；财务问答系统管理端子系统结构图如图 5-34 所示。

3. 数据库设计

根据第 4 章结构化分析的数据字典和 E-R 图，将数据库设计为 5 个表：用户表、管理员表、类别表、问题表和反馈表。

（1）用户表。

用户表主要用于存储教职工信息，包含 ID、用户名、密码和工号。用户表如表 5-1 所示。

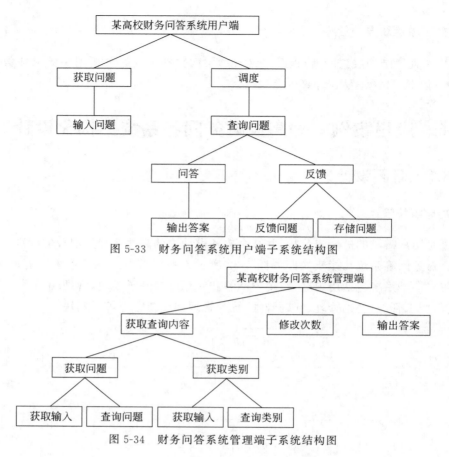

图 5-33 财务问答系统用户端子系统结构图

图 5-34 财务问答系统管理端子系统结构图

表 5-1 用户表

字 段	类 型	长 度	备 注
ID	int	10	主键
username	varchar	20	用户名
password	varchar	20	密码
userid	int	10	工号

（2）管理员表。

管理员表主要用于存储管理员信息，包含 ID、用户名、密码和工号。管理员表如表 5-2 所示。

表 5-2 管理员表

字 段	类 型	长 度	备 注
ID	int	10	主键
username	varchar	20	用户名
password	varchar	20	密码
userid	int	10	工号

（3）类别表。

类别表主要用于存储问题类型信息，包含 ID、类别名称。类别表如表 5-3 所示。

表 5-3　类别表

字　段	类　型	长　度	备　注
ID	int	10	主键
p_type	varchar	40	类别名称

（4）问题表。

问题表主要用于存储问题信息，包含 ID、问题内容、答案内容、文件名、文件路径、视频路径、属于类别名称、教职工查询次数。问题表如表 5-4 所示。

表 5-4　问题表

字　段	类　型	长　度	备　注
ID	int	10	主键
p_problem	varchar	255	问题内容
p_answer	varchar	255	答案内容
p_fname	varchar	40	文件名
p_file	varchar	255	文件路径
p_video	varchar	255	视频路径
p_type	varchar	40	属于类别名称
p_count	int	20	教职工查询次数

（5）反馈表。

反馈表主要用于存储反馈的信息，包含 ID、反馈人姓名、反馈人电话、反馈人单位、反馈问题、反馈时间和提出反馈教职工工号。反馈表如表 5-5 所示。

表 5-5　反馈表

字　段	类　型	长　度	备　注
ID	int	10	主键
f_name	varchar	10	反馈人姓名
f_call	varchar	11	反馈人电话
f_department	varchar	40	反馈人单位
f_problem	varchar	255	反馈问题
f_time	datetime	—	反馈时间
userid	int	10	提出反馈教职工工号

5.6.2　详细设计

下面分别对用户端子系统和管理端子系统设计每个模块的实现方法和相关的交互界面。

1.用户端子系统详细设计

（1）用户登录。

用户登录模块 PAD 图如图 5-35 所示。

用户登录模块界面如图 5-36 所示。

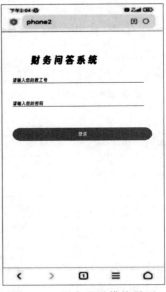

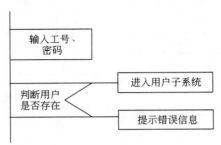

图 5-35　用户登录模块 PAD 图

图 5-36　用户登录模块界面

（2）用户问答。

用户问答模块 PAD 图如图 5-37 所示。

用户问答模块界面如图 5-38 所示。

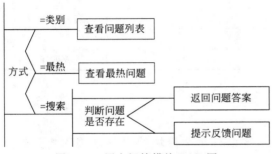

图 5-37　用户问答模块 PAD 图

图 5-38　用户问答模块界面

（3）问题反馈。

问题反馈模块 PAD 图如图 5-39 所示。

问题反馈模块界面如图 5-40 所示。

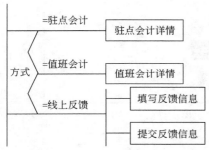

图 5-39　问题反馈模块 PAD 图

图 5-40　问题反馈模块界面

2. 管理端子系统详细设计

（1）管理员登录。

管理员登录模块 PAD 图如图 5-41 所示。

管理员登录模块界面如图 5-42 所示。

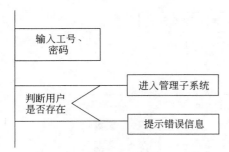

图 5-41　管理员登录模块 PAD 图

图 5-42　管理员登录模块界面

（2）教职工管理。

添加教职工模块 PAD 图如图 5-43 所示。

添加教职工模块界面如图 5-44 所示。

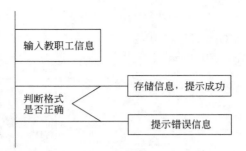

图 5-43　添加教职工模块 PAD 图

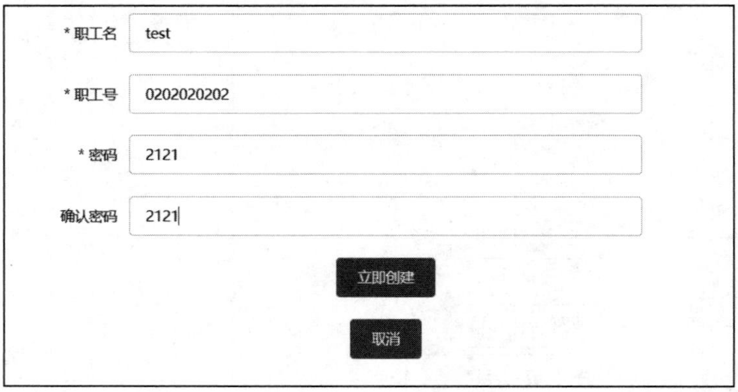

图 5-44　添加教职工模块界面

（3）类别管理。

修改类别模块 PAD 图如图 5-45 所示。

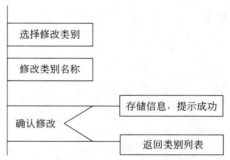

图 5-45　修改类别模块 PAD 图

修改类别模块界面如图 5-46 所示。

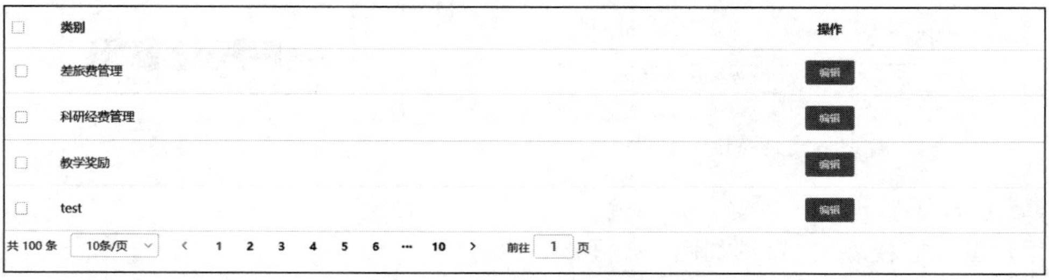

图 5-46　修改类别模块界面

（4）问题管理。

添加问题模块 PAD 图如图 5-47 所示。

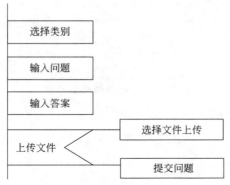

图 5-47　添加问题模块 PAD 图

添加问题模块界面如图 5-48 所示。

图 5-48　添加问题模块界面

（5）统计管理。

统计管理模块界面如图 5-49 所示。

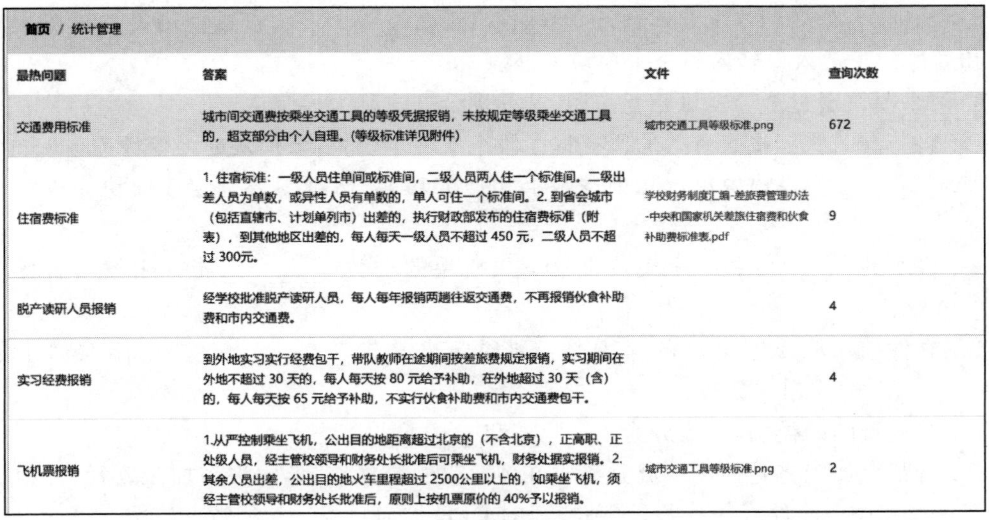

最热问题	答案	文件	查询次数
交通费用标准	城市间交通费按乘坐交通工具的等级凭据报销，未按规定等级乘坐交通工具的，超支部分由个人自理。(等级标准详见附件)	城市交通工具等级标准.png	672
住宿费标准	1. 住宿标准：一级人员住单间或标准间，二级人员两人住一个标准间。二级出差人员为单数，或异性人员有单数的，单人可住一个标准间。2. 到省会城市(包括直辖市、计划单列市) 出差的，执行财政部发布的住宿标准（附表），到其他地区出差的，每人每天一级人员不超过 450 元，二级人员不超过 300 元。	学校财务制度汇编-差旅费管理办法-中央和国家机关差旅住宿费和伙食补助费标准表.pdf	9
脱产读研人员报销	经学校批准脱产读研人员，每人每年报销两趟往返交通费，不再报销伙食补助费和市内交通费。		4
实习经费报销	到外地实习实行经费包干，带队教师在途期间按差旅费规定报销，实习期间在外地不超过 30 天的，每人每天按 80 元给予补助，在外地超过 30 天 (含) 的，每人每天按 65 元给予补助，不实行伙食补助费和市内交通费包干。		4
飞机票报销	1.从严控制乘坐飞机，公出目的地距离超过北京的 (不含北京)，正职级、正处级人员，经主管校领导和财务处长批准可乘坐飞机，财务处据实报销。2. 其余人员出差，公出目的地火车里程超过 2500公里以上的，如乘坐飞机，须经主管校领导和财务处长批准后，原则上按机票原价的 40%予以报销。	城市交通工具等级标准.png	2

图 5-49　统计管理模块界面

（6）反馈管理。

反馈管理模块界面如图 5-50 所示。

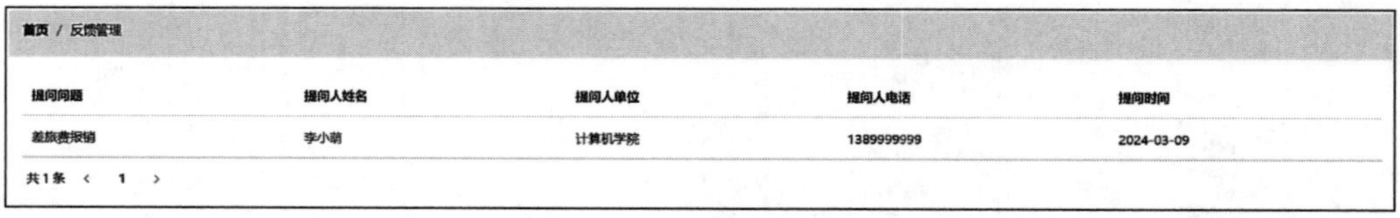

首页 / 反馈管理				
提问问题	提问人姓名	提问人单位	提问人电话	提问时间
差旅费报销	李小萌	计算机学院	1389999999	2024-03-09
共1条 < 1 >				

图 5-50　反馈管理模块界面

🔑 5.7　习题

一、填空题

1. 面向数据流的设计是以需求分析阶段产生的数据流图为基础，按一定的步骤映射成软件结构，因此又称为_____。

2. 从工程管理角度可将软件设计分为两个阶段，即_____和_____。

3. 详细设计是软件设计的第二阶段，主要确定每个模块具体设计过程，因此也称为_____。

4. _____是指解决一个复杂问题时自顶向下逐层把软件系统划分成若干模块的过程。

5. 衡量模块独立性的两个定性的度量标准是_____和_____。

6. _____是指一个模块内的各处理元素之间没有任何联系。这是内聚程度最_____的内聚。

7. 将软件系统划分模块时，尽量做到_____内聚、_____耦合，提高模块的_____，为设计高质量的软件奠定基础。

8. _____是最高程度的耦合，这种耦合出现在当一个模块直接使用另一模块的内容数据和通过非正常入口转入另一个模块内部。

9. 两个模块通过全局变量相互作用，这种耦合方式称为_____。

10. 将与同一张年报表有关的所有程序段组成一个模块，该模块的内聚性为_____。

11. _____指模块内执行几个逻辑上相似的功能，通过参数确定该模块完成哪一个功能。

12. 模块的_____指一个模块直接下属模块的个数；_____指一个模块直接上属模块的个数。

13. 软件结构从形态上总的考虑是：顶层扇出数较_____一些，中间层扇出数较_____一些，底层扇入数较_____一些。

14. 数据流图的类型，一般分为_____和_____两类。

15. 若某个加工将它的输入流分离成许多发散的数据流，形成许多加工路径，并根据输入的值选择其中一个路径来执行，这种特征的 DFD 称为_____的数据流图。

16. 变换型 DFD 是由_____、_____和_____3 部分组成。

17. _____是软件系统的模块层次结构,反映了整个系统的功能实现,即将来程序的控制层次体系。

18. _____是一种由左向右展开的二维树型结构,它的控制流程为自上而下、自左至右地执行。

二、选择题

1. 为了提高模块的独立性,模块内部最好是( )。

    A. 逻辑内聚　　　　B. 时间内聚　　　　C. 通信内聚　　　　D. 功能内聚

2. 如下图所示的软件结构图,该结构的宽度和模块 G 的扇入是( )。

    A. 2 和 1　　　　B. 3 和 2　　　　C. 1 和 3　　　　D. 2 和 2

3. 模块内聚与耦合是模块独立性的两个衡量标准。在划分模块时,应尽可能做到( )。

    A. 高内聚,低耦合　　　　　　　　B. 高内聚,高耦合

    C. 低内聚,高耦合　　　　　　　　D. 低内聚,低耦合

4. 为了提高模块的独立性,模块之间最好是( )。

    A. 公共耦合　　　　B. 控制耦合　　　　C. 内容耦合　　　　D. 数据耦合

5. 下列( )着重反映的是模块间的组织关系,即模块间的调用关系和层次关系。

    A. 程序流程图　　　　B. 盒图　　　　C. 软件结构图　　　　D. E-R 图

6. 结构化设计是一种面向( )的设计方法。

    A. 数据流　　　　B. 模块　　　　C. 数据结构　　　　D. 程序

7. 在软件系统结构中,能够反映程序模块重用率的是( )。

    A. 扇出　　　　B. 扇入　　　　C. 深度　　　　D. 宽度

8. 软件详细设计的主要任务是确定每个模块的( )。

    A. 算法和使用的数据结构　　　　B. 外部接口

    C. 功能　　　　　　　　　　　　D. 编程

9. 概要设计与详细设计衔接的图形工具是( )。

    A. 数据流图　　　　B. 结构图　　　　C. 程序流程图　　　　D. PAD 图

10. 在多层次的结构图中,其模块的层次数称为结构图的( )。

    A. 深度　　　　B. 跨度　　　　C. 控制域　　　　D. 粒度

11. 模块独立性是软件模块化所提出的要求,衡量模块独立性的度量标准是模块的( )。

    A. 抽象和信息隐藏　　　　　　　　B. 局部化和封装化

    C. 内聚性和耦合性　　　　　　　　D. 激活机制和控制方法

12. 模块的独立性是由内聚性和耦合性来度量的,其中内聚性是( )。

    A. 模块间的联系程度　　　　　　　B. 模块的功能强度

　　　　C. 信息隐藏程度　　　　　　　　　　D. 接口的复杂程度

13. 模块(　　),则说明模块的独立性越强。

　　　　A. 耦合性强　　　　B. 扇入数越高　　　　C. 耦合越弱　　　　D. 扇入数越低

14. 对软件的过分分解,必然导致(　　)。

　　　　A. 模块的独立性变差　　　　　　　　　B. 接口的复杂程度增加

　　　　C. 软件开发的总工作量增加　　　　　　D. 以上都正确

15. 软件概要设计结束后得到(　　)。

　　　　A. 初始化的软件结构图　　　　　　　　B. 优化的软件结构图

　　　　C. 模块详细的算法　　　　　　　　　　D. 程序编码

16. 属于软件设计的基本原理是(　　)。

　　　　A. 数据流分析设计　　　　　　　　　　B. 变换流分析设计

　　　　C. 事务流分析设计　　　　　　　　　　D. 模块化

17. 一组语句在程序中多处出现,为了节省内存空间,把这些语句放在一个模块中,该模块的内聚度是(　　)。

　　　　A. 逻辑性　　　　　　B. 瞬时性　　　　　　C. 偶然性　　　　　　D. 通信性

18. 一个模块把一个数值量作为参数传送给另一个模块,这两个模块之间的耦合是(　　)。

　　　　A. 标记耦合　　　　B. 数据耦合　　　　C. 控制耦合　　　　D. 内容耦合

19. 下列几种耦合中,(　　)的耦合性最强。

　　　　A. 公共耦合　　　　B. 数据耦合　　　　C. 控制耦合　　　　D. 内容耦合

20. 一个模块直接引用另一个模块中的数据,这两个模块之间的耦合是(　　)。

　　　　A. 公共耦合　　　　B. 数据耦合　　　　C. 控制耦合　　　　D. 内容耦合

三、简答题

1. 结构化设计的任务有哪些?
2. 软件结构设计的原则有哪些?

四、综合题

1. 分析图 5-51 所示的学生成绩管理系统功能模块,给出每个模块的内聚类型,并说明原因。

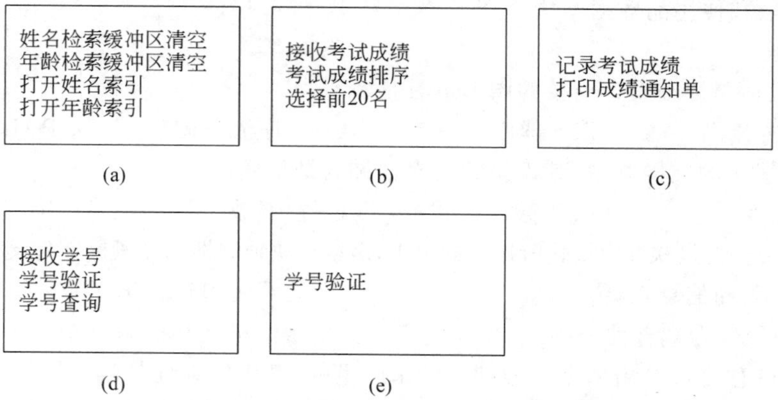

图 5-51　学生成绩管理系统功能模块

2. 分析图 5-52 所示的气温信息系统层次图,给出简要概述并确定每个模块的内聚类型。

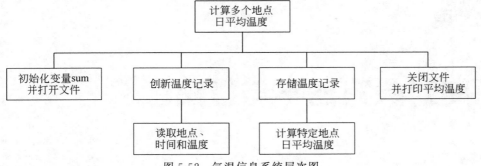

图 5-52　气温信息系统层次图

3. 分析教材管理系统设计过程,设计 IPO 图。教材管理系统设计的过程是：将用户信息输入系统,进行用户注册,写入到用户信息库中;将教材目录和教材信息记录到系统中,进行教材登记,形成教材库存信息;用户借阅教材和归还要求将用户信息、教材信息和系统时间关联,生成教材的流通状态。

4. 使用 PAD 图描述某系统登录模块。登录模块功能：系统管理员和注册用户,不同的用户登录后拥有不同的权限。

5. 根据图 5-53 所示的学生选课系统 E-R 模型映射出数据库的逻辑结构。

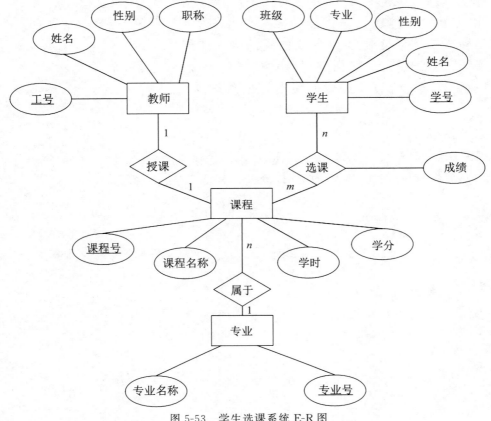

图 5-53　学生选课系统 E-R 图

第 6 章
面向对象方法学与UML

面向对象方法的基本思想是从现实世界中客观存在的事物(即对象)出发构造软件系统,并在系统构造中尽可能地运用人类的自然思想方式。使用面向对象方法可以用较稳定的对象将易变的功能和数据进行封装,从而保证较小的需求变化不会导致系统结构大的改变。统一建模语言 UML 定义了面向对象建模的基本概念、术语与图形符号,建立了便于软件开发交流的通用语言。

教学目标:

(1) 理解面向对象方法的要素和优点;

(2) 掌握面向对象建模的基本概念、术语及其图形符号。

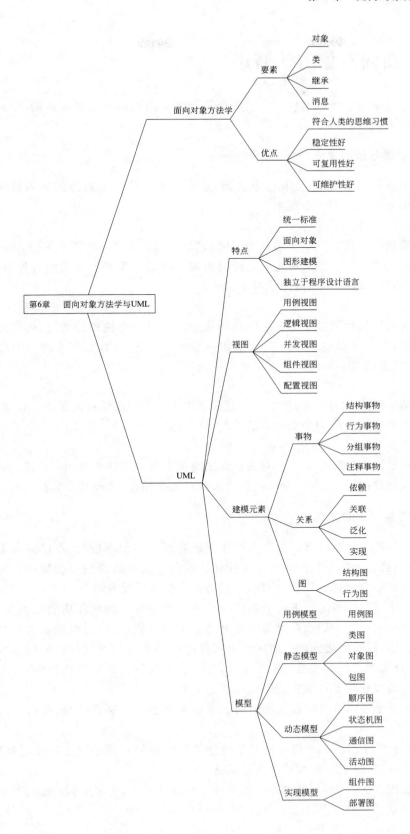

🔑 6.1　面向对象方法概述

面向对象方法是在汲取结构化方法的思想和优点的基础上发展起来的,是对结构化方法的进一步扩充。

1. 面向对象方法的要素

面向对象就是使用对象、类和继承机制,并且对象之间仅能通过传递消息实现彼此通信。面向对象方法有以下 4 个要素。

(1) 对象。

对象是系统中描述客观事物的一个实体,它是构成系统的一个基本单位,由一组属性和对这组属性进行操作的一组服务组成。面向对象方法认为客观世界是由各种对象组成的,任何事物都是对象,复杂对象由简单对象组成。

(2) 类。

类是具有相同属性和服务的一组对象的集合。类是一个抽象的概念,可以把所有对象划分成各种类,每个类都定义了一组数据和一组方法。其中,数据用于表示对象的静态属性,是对象的状态信息。方法是允许用于类上的操作。

(3) 继承。

按照基类与派生类的关系,把若干个对象类组成一个层次结构的系统。在层次结构中,下层的派生类具有和上层的基类相同的特性,称为继承。

(4) 消息。

消息是对象发出的服务请求。对象彼此之间仅能通过传递消息相互联系。对象的消息都被封装在该对象的类中,必须发送消息请求执行某个操作,处理某个数据。

2. 面向对象方法的优点

(1) 符合人类的思维习惯。通常人类在认识客观世界的事物时,不仅会考虑到事物具有哪些属性,还会考虑到事物能完成哪些操作。面向对象方法最重要的特点就是把事物的属性和操作组成一个整体,以对象为核心,更符合人类的思维习惯。

(2) 稳定性好。结构化方法基于功能分析和功能分解。当软件功能发生变化时,很容易引起软件结构的改变。而面向对象方法则是基于对象的概念,用对象来表示与待解决的问题相关的实体,以对象之间的联系来表示实体之间的关系。当目标系统的需求发生变化时,只要实体及实体之间的关系不发生变化,就不会引起软件系统结构的变化,而只需要对部分对象进行局部修改就可以实现系统功能的扩充。

(3) 可复用性好。面向对象方法采用了继承和多态的机制,极大地提高了代码的可复用性。

(4) 可维护性好。由于利用面向对象方法开发的软件系统稳定性好和可复用性好,而且采用了封装机制,易于对局部软件进行调整。

基于以上这些优点,面向对象方法已发展为目前最有效、最实用和最流行的软件开发方法之一。

6.2　UML 概述

统一建模语言(Unified Modeling Language,UML)是一种通用的可视化建模语言,可以用来描述、可视化、构造和文档化软件系统的各种工件,是面向对象分析与设计方法的表现手段。UML 已经得到了广泛的支持和应用,并且已被 ISO 组织发布为国际标准。

UML 不是一种程序设计语言,但用 UML 描述的模型可以和各种编程语言相联系。可以使用代码生成器将 UML 模型转换为多种程序设计语言代码,或者使用逆向工程将程序代码转换成 UML。

6.2.1　UML 的特点

UML 具有以下 4 方面特点。

(1) 统一标准。UML 统一了面向对象建模的基本概念、语法以及图形符号,建立了便于软件开发交流的通用语言,已成为面向对象软件建模的标准语言。

(2) 面向对象。UML 是一种面向对象的标准建模语言,模型元素的建立以对象为基础,与人类的思维模式相符,并且易学易用。

(3) 图形建模。UML 提供了多种模型图,以图形的方式实现系统建模,建模过程清晰、直观,可用于复杂软件系统的建模。

(4) 独立于程序设计语言。UML 是一种建模语言,整个建模过程与程序设计语言无关。UML 的建模不依赖于任何程序设计语言。

6.2.2　UML 的视图

视图用来显示系统的不同方面。视图并不是图形,而是由多个图构成的,在某一个抽象层上对系统的一个抽象表示。描述一个系统要涉及这个系统的许多方面,比如功能方面、非功能方面和组织管理方面等。因此,为了完整地描述一个系统,应该用多个视图来共同描述它,每个视图代表完整系统描述中的一个抽象,显示系统中的一个特定方面。每个视图由一组图构成,图中包含了强调系统某一方面的信息。视图与视图之间会有部分重叠。视图中的图应该简单,易于交流,并且与其他的图和视图有关联关系。UML 的视图主要有以下5 种。

1. 用例视图

用例视图用于表达从用户的角度看到的系统应有的外部功能。用例视图是其他视图的核心和基础,其他视图的构造依赖于用例视图中所描述的内容,因为系统的最终目标是实现用例视图中描述的功能,同时附带一些非功能性的特性,因此用例视图影响着所有其他的视图。

用例视图还可以用于测试系统是否满足用户的需求和验证系统的有效性。用例视图主要为用户、设计人员、开发人员和测试人员而设置。用例视图利用用例图静态地描述系统功能,有时也用顺序图、通信图或活动图来动态地描述系统功能。

2. 逻辑视图

用例视图只考虑系统提供什么样的功能,对系统的内部运行情况不予考虑。为了揭示系统内部的设计和协作状况,要使用逻辑视图描述系统。

逻辑视图用来描述如何实现用例视图中提出的系统功能,也就是描述系统内部的功能设计,并形成对问题域的解决方案的术语词汇。它关注的是系统的内部,既描述系统的静态结构,也描述系统内部的动态行为。静态结构描述类、对象和它们之间的关系,动态行为描述对象之间的动态协作关系。系统的静态结构通常在类图和对象图中描述,而动态行为则在状态机图、顺序图、通信图和活动图中描述。

3. 并发视图

并发视图用于描述系统的动态行为及并发性。并发视图将任务划分为进程或线程形式,通过任务划分引入并发机制,可以高效地使用资源、并行执行和处理异步事件。除了划分系统为并发执行的进程或线程外,并发视图还必须处理通信和同步问题。并发视图主要供系统开发者和集成者使用,它由状态机图、顺序图、活动图、组件图等构成。

4. 组件视图

组件视图用来显示系统代码组件的组织结构方式,展示系统实现的结构和行为特性,包括实现模块和它们之间的依赖关系。组件视图由组件图组成,组件图通过一定的结构和依赖关系表示系统中的各种组件。组件就是代码模块,不同类型的代码模块构成不同的组件。组件视图中也可以添加组件的其他信息。

5. 配置视图

配置视图显示系统的实现环境和组件被配置到物理结构中的映射,如计算机、设备以及它们相互之间的连接,哪个程序在哪台计算机上能执行等。配置视图用部署图来描述。

6.2.3 UML 的建模元素

UML 的建模元素又称为构造块,是来自现实世界中的概念的抽象描述方法。建模元素包括事物、关系和图 3 方面的内容。UML 建模元素如图 6-1 所示。

1. 事物

事物是对模型中关键元素的抽象体现,分为四种类型,包括结构事物,如类、接口、协作、用例、组件和节点;行为事物,如交互、状态机和活动;分组事物,如包;注释事物,如注释。

2. 关系

关系是事物和事物间联系的方式,主要有四种关系,包括依赖、关联、泛化和实现。

3. 图

图是相关的事物及其关系的聚合表现。根据 UML 图的基本功能和作用,可以将其划

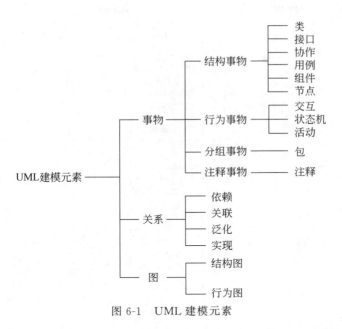

图 6-1　UML 建模元素

分为两大类：结构图和行为图。UML 图如图 6-2 所示。结构图捕获事物与事物之间的静态关系，用来描述系统的静态结构模型；行为图捕获事物的交互过程如何产生系统的行为，用来描述系统的动态行为模型。

　　在需求分析阶段，可以通过用例捕获需求。通过建立用例图等模型来描述系统的使用者对系统的功能要求。在分析与设计阶段，UML 通过类和对象等主要概念及其关系建立静态模型，对类、用例等概念之间的协作进行动态建模，为开发工作提供详细的规格说明。在开发阶段，将设计的模型转化为代码。在测试阶段，可以用 UML 图作为测试依据；用类图指导单元测试，用组件图和通信图指导集成测试，用用例图指导系统测试。

6.2.4　UML 模型

　　面向对象方法在开发过程中会产生以下四种主要模型，分别为用例模型、静态模型、动态模型和实现模型。一个模型由一组 UML 图组成，开发者并不需要使用所有的图，也不需要建立全部模型，应只对关键事物建立模型，可根据软件系统的实际需求选择相应的图和模型。

1. 用例模型

　　用例模型从用户的角度描述系统需求，是所有开发活动的指南。用例模型包括一至多张用例图。用例模型定义了系统的用例、执行者及角色与用例之间的交互行为。

2. 静态模型

　　静态模型描述系统的元素及元素之间的关系。它定义了类、对象，以及它们之间的关系和组件。静态模型主要由类图、对象图、包图组成。如果系统规模较小，可以只建立类图，描述系统所包含的所有类及其相互关系，而静态模型中的其他图可以省略。

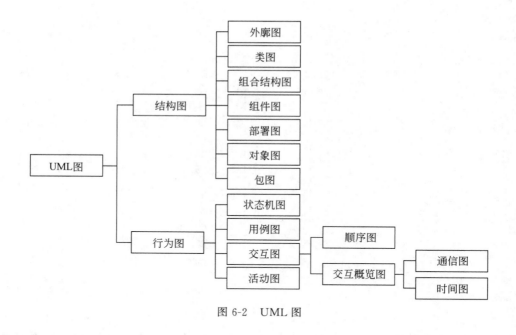

图 6-2　UML 图

3．动态模型

动态模型描述系统随时间的推移发生的行为。动态模型主要由顺序图、状态机图、通信图、活动图组成。

4．实现模型

实现模型描述系统实现时的一些特征。实现模型主要包括组件图和部署图。

6.3　用例建模机制

UML 的用例建模机制主要是用例图。

用例用于定义系统的功能需求。用例图显示多个外部参与者以及它们与系统之间的交互和连接。用例图示例如图 6-3 所示。一个用例是对系统提供的某个功能的描述。用例仅仅描述系统参与者从外部通过对系统的观察而得到的功能，并不描述这些功能在系统内部是如何实现的。用例图设计将在 7.2.2 中详细介绍。

6.4　静态建模机制

UML 的静态建模机制包括类图、对象图、包图等。

6.4.1　类图

类图是与面向对象方法关系最为密切的一种 UML 图形，它的主体就是系统内部处理

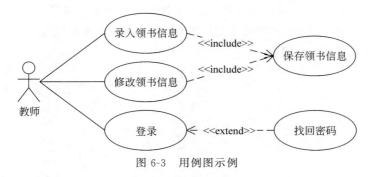

图 6-3 用例图示例

的事物。类图主要用于描述系统中所包含的类以及这些类相互之间的关系。当描述类之间关系时,常省略属性和方法,只保留类名。类图示例如图 6-4 所示,教师类与教材类之间是关联关系;教材类依赖课程类。类图设计将在 7.3.2 中详细介绍。

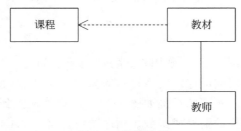

图 6-4 类图示例

6.4.2 对象图

对象是类的实例。因此,对象图可以看作是类图的实例,帮助开发人员理解比较复杂的类图。类图与对象图之间的区别是对象图中对象的名字下面要加下画线。对象图示例如图 6-5 所示,每个方框代表一个对象实例,每个对象实例采用"对象名:类名"的形式标识,并在标识的下面添加一条下画线。如果要表示出该对象实例在该时间点上的状态,可以通过"属性=值"的形式给出该对象当时的属性值。在对象图中,对象之间的关系用一条直线表示,关系的名称直接在直线上面标出。如果不需要区别同类型的对象,可以省略对象实例的名称,此类对象称为匿名对象。

图 6-5 对象图示例

6.4.3 包图

一个系统往往由很多类组成,为了对类进行管理可以对类进行分组。在 UML 中,对类进行分组的单位就是包。包类似于文件系统中文件夹的概念。包图示例如图 6-6 所示,包的图示符号由两个矩形组成,包的名字可以写在小的矩形内,也可以写在大的矩形内。包与包之间可以建立依赖、泛化等关系。

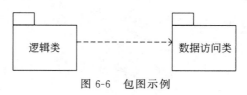

图 6-6　包图示例

🔑 6.5　动态建模机制

UML 的动态建模机制包括顺序图、通信图、状态机图、活动图等。

6.5.1　顺序图

顺序图又被称为序列图,主要反映用户、系统、对象之间的交互次序。顺序图的重点是显示对象之间发送消息的时间顺序。它也显示对象之间的交互,也就是在系统执行时某个指定时间点将发生的事情。顺序图示例如图 6-7 所示,时间从上到下推移,顺序图显示对象之间随着时间的推移而交换的消息或函数。顺序图设计将在 7.4.1 中详细介绍。

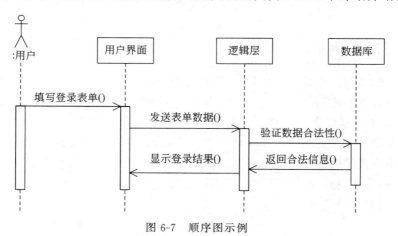

图 6-7　顺序图示例

6.5.2　通信图

通信图又称为协作图,用于显示系统的动作协作,类似顺序图中的交互片段,但通信图也显示对象之间的关系。实际建模中,顺序图和通信图的选择需要根据项目实际需求而定。如果重在时间或顺序,那么选择顺序图;如果重在对象之间的关系,那么选择通信图。通信图示例如图 6-8 所示。通信图中可以出现角色,用于指明谁是过程的发起者。消息的名称及其具体内容一般在关系连线上直接标出,并用箭头注明消息的方向。为了体现出消息之间存在的先后关系,在消息名称的前面加上序号。

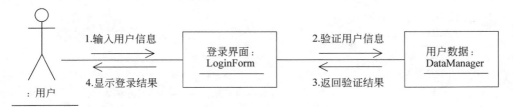

图 6-8　通信图示例

6.5.3　状态机图

状态机图用来描述对象对外部响应的历史状态序列,即描述对象所有可能的状态,以及哪些事件将导致状态的改变,包括对象在各个不同状态间的跳转,以及这些跳转的外部触发事件,即从状态到状态的控制流。状态机图示例如图 6-9 所示。不是所有的类都需要画状态机图,有明确意义的状态、在不同状态下行为有所不同的类才需要画状态机图。

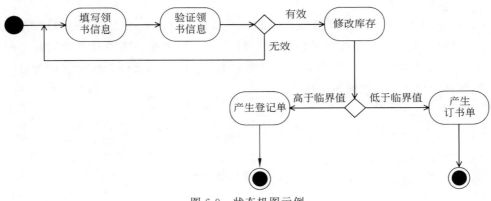

图 6-9　状态机图示例

6.5.4　活动图

活动图是状态机图的一种特殊情况。不需指明任何事件,只要动作被执行,活动图中的状态就自动开始转换。如果状态转换的触发事件是内部动作时,可用活动图描述;当状态转换的触发事件是外部事件时,常用状态机图来表示。活动图示例如图 6-10 所示。在活动图中,用例和对象的行为中的各个活动之间通常具有时间顺序。每个活动用一个圆角矩形表示,判断点使用菱形框表示。活动图设计将在 7.4.2 中详细介绍。

6.6　实现建模机制

UML 的实现建模机制包括组件图、部署图等。

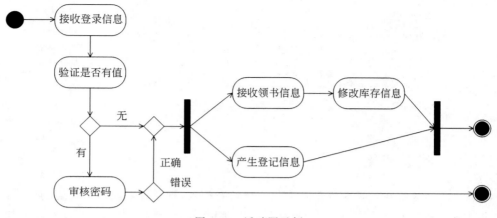

图 6-10   活动图示例

6.6.1   组件图

组件图根据系统的组件显示系统代码的物理结构。组件可以是源代码组件、二进制组件或一个可执行的组件。组件图示例如图 6-11 所示。根据组件图中显示的组件之间的依赖关系,可以很容易地分析出其中某个组件的变化将会对其他组件产生什么样的影响。一般来说,组件图用于实际的编码工作中。

图 6-11   组件图示例

6.6.2   部署图

部署图用于表示系统中的硬件和软件的物理结构。部署图中的表示符号与组件图基本一致,不同的是,部署图将组件放到了表示机器节点的立方体内,可以直观地表示组件的具体部署方式。部署图示例如图 6-12 所示。

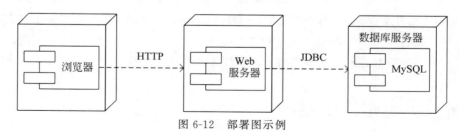

图 6-12   部署图示例

6.7　习题

一、填空题

1._____是在汲取结构化方法的思想和优点的基础上发展起来的,是对结构化方法的进一步发展和扩充。

2.面向对象就是使用对象、类和继承机制,并且对象之间仅能通过传递_____实现彼此通信。

3._____是一种通用的可视化建模语言,是面向对象分析与设计方法的表现手段。

4. UML 建模元素包括_____、_____和_____3 方面的内容。

5.在面向对象的软件中,_____是对具有相同数据和相同操作的一组相似对象的定义;_____是由某个特定的类所描述的一个具体对象。

二、选择题

1. UML 的(　　)是相关的事物及其关系的聚合表现。

　　A. 关系　　　　　　　B. 元素　　　　　　　C. 图　　　　　　　D. 事务

2.(　　)是与面向对象方法关系最为密切的一种 UML 图形。

　　A. 类图　　　　　　　B. 用例图　　　　　　C. 顺序图　　　　　D. 包图

3.(　　)主要反映用户、系统、对象之间的交互次序。

　　A. 类图　　　　　　　B. 用例图　　　　　　C. 顺序图　　　　　D. 包图

4.(　　)是把对象的属性和操作结合在一起,构成一个独立的整体,其内部信息对外界是隐蔽的,外界只能通过有限的接口与对象发生联系。

　　A. 实例连接　　　　B. 继承　　　　　　　C. 消息　　　　　　D. 封装

5.下列(　　)是类的实例。

　　A. 交通工具　　　　B. 人员　　　　　　　C. 计算机学院　　　D. 中国工人

　　E. 教授

三、简答题

1.面向对象方法的优点有哪些?

2. UML 主要包括哪些视图?

第 7 章

面向对象分析与设计

面 向对象分析是从面向对象的思维角度分析和构
建软件系统的基本元素,是面向对象方法的核心环节。面
向对象设计是应用面向对象方法进行软件设计全过程中的
一个中间过程,其主要任务是将面向对象分析过程所得到
的接近问题域的分析模型转换为接近计算机的设计模型。
与结构化方法不同,面向对象方法并不强调分析与设计之
间严格的阶段划分。面向对象分析与面向对象设计所采用
的概念、原则和表示法都是完全一致的,所以面向对象方法
中的分析过程和设计过程之间通常没有明显的界限。

教学目标:
(1) 了解面向对象分析与设计的基本概念;
(2) 掌握面向对象的用例建模、静态建模和动态建模
过程;
(3) 理解面向对象的系统设计和对象设计;
(4) 能够对小型软件系统进行用例图、类图和顺序图
设计。

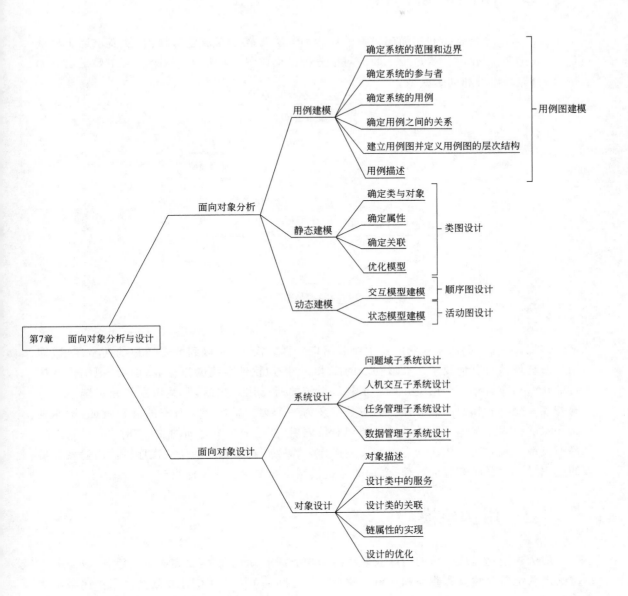

7.1 面向对象分析

面向对象分析是指利用面向对象的概念和方法为软件需求建造模型,使需求逐步精确化、一致化、完全化的分析过程。面向对象分析过程如图 7-1 所示。这个阶段主要是建立用例模型、静态模型和动态模型。

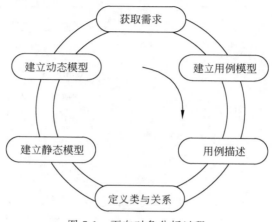

图 7-1 面向对象分析过程

首先,通过一系列需求获取技术获取用户的真实需求,获取到的是用户的初步需求,即用户对软件系统有何要求。获取初步的需求后,找到软件系统的操作者;然后,把操作者执行的每个功能看作一个用例。确定了软件系统的所有用例之后,开始识别目标系统中的对象和类。把具有相似属性和操作的对象定义为一个类。属性定义对象的静态特征,操作定义对象的行为。确定了软件系统的类和对象之后,然后分析类之间的关系,构建软件系统的静态模型。最后通过构建动态模型描述操作者、系统、对象之间的交互次序。面向对象分析的过程是一个循序渐进的过程,合理的分析模型需要多次迭代才能得到。

7.2 用例建模

用例建模就是从用户的角度获取系统的功能需求,即系统需要完成哪些任务,以便进一步确定系统需要建立哪些类和对象并建立它们之间的关系。用例建模就是用来描述系统功能的技术。

7.2.1 用例建模过程

1. 确定系统的范围和边界

系统是指基于问题域的计算机软硬件系统,如机票预订系统。通过分析用户领域的业务范围、业务规则和业务处理过程,可以确定软件系统范围和系统边界,明确系统需求。

系统范围是指系统问题域的目标、任务、规模以及系统所提供的功能和服务。例如,机票预订系统的问题域是机票预订工作管理,系统的目标和任务是在网络环境下实现用户查询和预订机票,管理员管理用户信息和航班信息等。

系统边界是指一个系统内部所有元素与系统外部事物之间的分界线。在用例模型中,系统边界将系统内部的用例与系统外部的参与者分隔开。

2. 确定系统的参与者

参与者是与系统主体交互的外部实体的类元,描述了一个或一组与系统产生交互的外部用户或外部事物。参与者以某种方式参与系统中的一个或一组用例的执行。

参与者位于系统边界之外,而不是系统的一部分。也就是说,参与者是从现实世界中与系统有交互的事物中抽象出来的,而并非系统中的一个类。例如,某个用户登录了机票预订系统,系统存储了这个用户的个人信息。在此例中,这个用户可以抽象成系统的参与者,而数据库中存储的个人信息则是系统内部的一个对象。参与者可以对应于现实世界中的人、设备、另外的软件系统等。

确定参与者可以从以下几个角度来考虑。

谁使用系统的功能?

谁从系统获取信息?

谁向系统提供信息?

谁来负责维护和管理系统以保证其正常运行?

系统需要访问哪些外部硬件设备?

系统需要与哪些其他软件系统进行交互?

3. 确定系统的用例

用例是用例模型中的核心元素。一个系统可以包含多个用例。一个用例就是系统的一个目标,描述为实现此目标的活动和系统交互的一个序列。用例的目标是要定义系统的一个行为,但不揭示系统的内部结构。

确定用例可以从以下几个角度考虑。

参与者使用系统完成什么任务?

参与者是否会在系统中创建、修改、删除、访问、存储数据? 若是,参与者又是如何完成这些操作的?

参与者是否会将外部的某些信息提供给系统?

系统是否会将内部的某些信息提供给参与者?

用例通常具有以下特征。

(1) 用例是动宾短语。

用例表达的是一个交互序列,因此需要使用一个动词词组或动宾短语来命名。用例的存在意义在于实现参与者的目的,动宾短语可以简明扼要地表达意愿和目的。用例可能有类似"登录""预订机票"这样的名字,而不应该被命名为"登录器""机票"等。

(2) 用例是相对独立的。

相对独立是指用例在功能上是完备的,即不需要与其他用例交互从而独自完成参与者的某项目的。用例本质上体现了参与者的需求,因此,设计的用例必须要实现一个完整的目的。例如,一个用户登录系统时,"登录"是一个较好的用例,它确实满足了用户的需求。而"输入密码"不能完整地实现参与者的愿望,仅仅是登录过程中的一个步骤而已,不是一个用例。

(3) 用例是由参与者启动的。

用例是参与者请求或触发的一系列行为。因此不存在没有参与者的用例,用例不应该自启动,多个用例之间也不应该互相启动。参与者的需求是用例启动或存在的原因。在设计用例时,要注意每个用例都至少拥有一个参与者,同时要选择正确的参与者。例如,对于"登录"这一用例而言,参与者是用户而不是计算机。

(4) 用例要有可观测的执行结果。

不是所有的执行过程都是最终成为用例。用例应该返回一些可以观测的执行结果,如登录系统时应该及时通知用户"登录成功",或者跳转到把参与者作为成员的页面;若用户名或密码错误,也应该及时给出提示,以便用户改正或重试等。缺少了返回消息的用例是不正确的。

(5) 一个用例是一个单元。

软件开发工作的依据和基础是用例,当用例被决定后,所有分析和开发,包括之后的部署和测试等工作需要以用例为基础。这种开发活动也称为用例驱动的开发活动。

4. 确定用例之间的关系

用例之间具有泛化关系、扩展关系、包含关系、关联关系,根据需要可以建立用例之间的相应关系。

5. 建立用例图并定义用例图的层次结构

在软件开发过程中,对于复杂的系统,一般按功能分解为若干子系统。当以用例模型描述系统功能时,可将用例图分层,完整地描述系统功能和层次关系。一个用例图包括若干用例,根据需要,可将上层系统的某一个用例分解,形成下层的一个子系统,每一个子系统对应一个用例图。

6. 用例描述

用例关注的是一个系统需要"做什么",而并非"怎么做"。也就是说,用例本身并不能描述一个事件或交互的内部过程,这对软件开发来说是不够充分的。因此,可以通过使用足够清楚的、便于理解的文字来描述一个事件流,进而来说明一个用例的行为。一个完整的用例模型应该不仅仅包括用例图部分,还要有完整的用例描述部分。

一般的用例描述主要包括以下几部分内容。

(1) 用例名称:描述用例的意图或实现的目标,一般为动词或动宾短语。

(2) 用例编号:用例的唯一标识符,在其他位置可以使用该标识符来引用用例。

(3) 参与者:描述用例的参与者,包括主要参与者和其他参与者。

(4) 用例描述:对用例的一段简单的概括描述。

(5) 触发器:触发用例执行的一个事件。

(6) 前置条件:用例执行前系统状态的约束条件。

（7）基本事件流：用例的常规活动序列，包括参与者发起的动作与系统执行的响应活动。

（8）扩展事件流：记录如果典型过程出现异常或变化时的用例行为，即典型过程以外的其他活动步骤。

（9）结论：描述用例何时结束。

（10）后置条件：用例执行后系统的约束条件。

（11）补充约束：用例实现时需要考虑的业务规则、实现约束等信息。

7.2.2　用例图设计

用例图（use case diagram）是表示一个系统中用例与参与者之间关系的图。它描述了系统中相关的用户和系统对不同用户提供的功能和服务。

1. 参与者

参与者也称为角色。参与者示例如图 7-2 所示。在用例图中，参与者有两种表示方法。参与者的图标表示法是一个小人图形，图标下方显示参与者的名称。参与者还可以使用带有<<actor>>构造型的类符号，也就是一个矩形来表示。一般情况下，习惯用图标表示法来代表人，用类符号表示法来表示事物。

系统中的参与者一般分为以下 4 类。

（1）主要系统参与者：直接同系统交互以发起或触发业务或系统事件的关联人员。主要系统参与者可以与主要业务参与者进行交互，以便使用系统。例如，某管理员可以在机票预订系统中管理用户和航班信息，因此他是一个主要系统参与者。

（2）主要业务参与者：主要从用例的执行中获得信息的关联人员。主要业务参与者可能会发起一个业务事件。例如，某用户可以在机票预订系统中预订机票，因此他是一个主要业务参与者。

（3）外部服务参与者：响应来自用例请求的关联人员。例如，机票管理部负责人对航班信息调整进行审批，因此他是一个外部服务参与者。

（4）外部接收参与者：从用例中接收某些信息或输出某些信息的非主要的关联人员。例如，机票预订后航空公司将收到乘客信息，因此航空公司是一个外部接收参与者。

2. 用例

在用例图中，用例用一个包含名称的椭圆形来表示。用例示例如图 7-3 所示。其中用例的名称可以显示在椭圆内部或椭圆下方。

图 7-2　参与者示例　　　　　　　　　　　　图 7-3　用例示例

用例与参与者是用例图中最主要的两个元素,二者也存在着密不可分的关系。用例是参与者与系统不同交互作用的量化,是参与者请求或触发的一系列行为。一个用例可以隶属一个或多个参与者,一个参与者也可以参与一个或多个用例。没有参与任何用例的参与者都是无意义的。

用例粒度实际上是一个"度"的概念。在实际建模过程中,并没有一个标准的规则,也就是说,无法找到一个明确的分界值来决定用例划分到什么程度是对的,什么是错的。例如,机票预订系统如果允许用户修改自己的用户名、密码和联系方式等信息。基于这一交互过程,可以绘制出两个用例图。用例粒度示例如图 7-4 所示。在图 7-4(a)中,将其作为 3 个用例显示,并且每个用例都与参与者建立关联;而在图 7-4(b)中则概括为一个"修改个人信息"的用例,因此可以说图 7-4(a)的用例粒度比图 7-4(b)的要细。在确定用例时,需要根据当前阶段的具体需求来进行。需要注意的是,无论如何选择用例粒度,都要保证在同一个需求阶段,所有用例粒度应该是在同一个量级的。

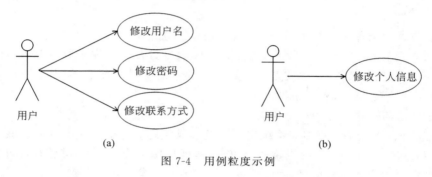

图 7-4   用例粒度示例

3. 关系

由于用例图中的主要元素是参与者和用例,因此用例图中包含参与者间的关系、参与者与用例的关系以及用例间的关系。

(1) 参与者间的泛化关系。

一个系统可以具有多个参与者。当系统中的几个参与者既具有自身的角色,同时也有更一般化的角色时,可以通过建立泛化关系来进行描述。对参与者建立泛化关系时,可以将这些具有共同行为的一般角色抽象为父参与者,子参与者可以继承父参与者的行为和含义,并能拥有自己特有的行为和含义。在用例图中,泛化关系使用实线三角箭头表示,箭头指向父用例一方。参与者之间的泛化关系示例如图 7-5 所示。在机票预订系统中,注册用户拥有普通用户的权限,也拥有一些普通用户没有的权限操作。例如,注册用户可以查询航班信息,也可以预订机票,但普通用户仅可以查询航班信息,因此二者之间可以建立泛化关系。

(2) 参与者与用例的关联关系。

在用例图中,参与者与用例之间存在关联关系,即参与者实例通过与用例实例传递消息实例来与系统进行通信。在用例图中,关联关系使用实线箭头表示。用例与参与者之间的关联关系示例如图 7-6 所示。如果箭头指向用例,则表明参与者发起用例,即用例的主参与者;如果没有箭头或箭头指向参与者,则表示用例与外部服务参与者或外部接受参与者之间有交互,即用例的次参与者。

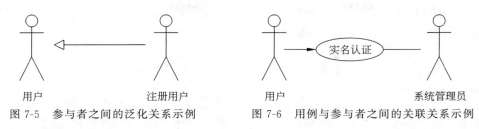

图 7-5　参与者之间的泛化关系示例　　　　图 7-6　用例与参与者之间的关联关系示例

（3）用例间的泛化关系。

与参与者的泛化关系相似,用例的泛化关系将特化的用例与一般化的用例联系起来。子用例继承了父用例的属性、操作和行为序列,并且可以增加属于自己的附加属性和操作。用例间的泛化关系示例如图 7-7 所示。在机票预订系统中,修改用户信息与删除用户信息的用例形式相同,但具体操作不同。因此,修改用户信息用例与删除用户信息用例均可以看作与管理用户信息用例构成泛化关系。

在用例图中,如果是抽象用例,即这一用例不能被实例化,而只能创建其非抽象的子用例的实例,则使用斜体字表示。例如,图 7-7 中的管理用户信息用例即为一个抽象用例。

（4）用例间的包含关系。

包含属于一种依赖关系。包含指的是一个用例(基用例)可以包含其他用例(包含用例)具有的行为,其中包含用例中定义的行为将被插入基用例定义的行为中。在用例图中,包含关系使用虚线箭头附加上<<include>>的构造型表示,箭头从基用例指向包含用例。用例间的包含关系示例如图 7-8 所示。在机票预订系统的用例图中,用户预订机票的行为一定需要包括查询航班信息的行为序列,且创建订单的行为依赖于选择航班的结果,因此二者之间构成包含关系。

图 7-7　用例间的泛化关系　　　　　　　图 7-8　用例间的包含关系示例

一般情况下,当某个动作片段在多个用例中都出现时,可以将其分离出来从而形成一个单独的用例,将其作为多个用例的包含用例,以此来达到复用的效果。

（5）用例间的扩展关系。

扩展也属于一种依赖关系。扩展指的是一个用例(扩展用例)对另一个用例(基用例)行为的增强。在这一关系中,扩展用例包含了一个或多个片段,每个片段都可以插入基用例中的一个单独的位置上,而基用例对于扩展的存在是毫不知情的。使用扩展用例,可以在不改变基用例的同时,根据需要自由地向用例中添加行为。在用例图中,扩展关系使用虚线箭头附加上<<extend>>的构造型表示,箭头指向基用例。用例间的扩展关系示例如图 7-9 所示。对于系统的登录用例而言,用户如果忘记登录密码,这就需要引入一个"找回密码"的用例。这一用例对于每个登录用例的实例而言不是必需的,也就是说,此用例的执行是有条件的。

而且,登录用例本身对于找回密码用例的存在是不知情的,即它不需要找回密码的结果就可以继续执行,因此二者之间构成扩展关系。

图 7-9   用例间的扩展关系

用例之间的包含关系与扩展关系容易出错,表 7-1 对二者的异同进行了详细的比较。

表 7-1   包含与扩展的比较

比 较 内 容	include	extend
作用	增强基用例的行为	增强基用例的行为
执行过程	包含用例一定会执行	扩展用例可能被执行
执行次数	只执行一次	取决于条件(0 至多次)
表示方法	箭头指向包含用例	箭头指向基用例

7.2.3   用例建模实例

以某机票预订系统为例,展示用例图和用例描述的设计过程。

1. 情境说明

机票预订系统是某航空公司推出的一款网上订票系统。未实名认证的用户只能查询航班信息;已实名认证的用户登录后(除查询航班信息外)还可以预订机票、退订机票和查看订单。系统管理员可以管理用户信息和航班信息。用户在登录时如果忘记密码,可以通过邮箱找回密码。

2. 确定参与者

在了解系统使用场景后,首先分析需求确定系统中的参与者。根据分析系统的情境说明可以得出,系统主要有两类参与者,分别是用户与管理员。其中用户包括普通用户和注册用户,表示为参与者的泛化关系。因为用户一定属于二者其中之一,所以用户应该是一个抽象参与者。确定参与者如图 7-10 所示。

3. 确定用例

分析出系统的参与者之后,就可以通过分析每个参与者是如何使用系统确定系统中的用例。在机票预订系统中,普通用户可以进行实名认证和查询航班信息;注册用户可以登录系统、查询航班信息、预订机票、退订机票和查看订单;管理员可以登录系统、管理用户信息和管理航班信息。确定用例如图 7-11 所示。

4. 确定用例之间的关系

在确定完所有用例之后,需要具体考虑每个用例的工作流程从而添加用例之间的依赖

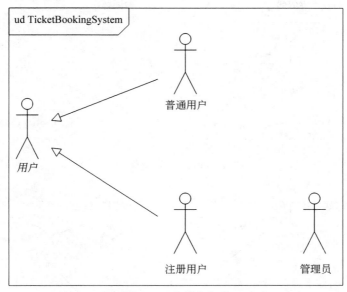

图 7-10　确定参与者

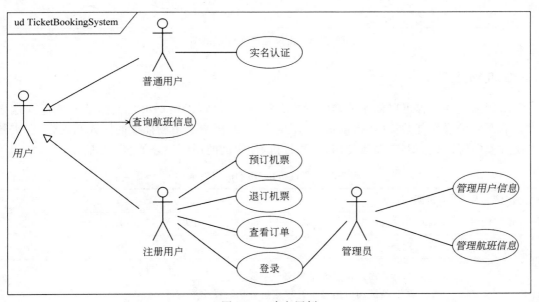

图 7-11　确定用例

关系。在机票预订系统中,用户在预订机票时需要先查询相关的航班信息,因此预订机票用例与查询航班信息用例之间可以建立包含关系。如果用户在登录时忘记密码,可以使用找回密码功能,由于这一关系是有条件的,所以二者构成扩展关系。为保证对用例的粒度控制在同一个量级上,可以将管理用户信息与管理航班信息都定义为抽象用例,并分别创建其非抽象的子用例。将以上关系添加到用例图中,形成最终的用例图。机票预订系统用例图如图 7-12 所示。

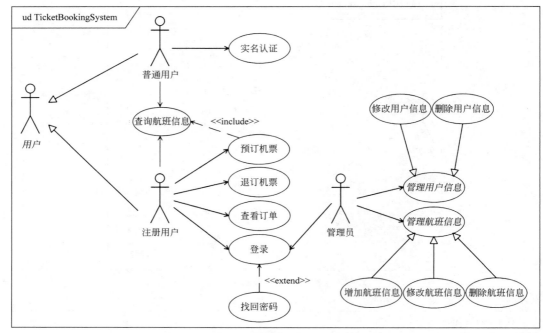

图 7-12　机票预订系统用例图

5．用例描述

用例描述的内容可以使用 UML 中定义的格式，也可以根据项目实际情况选择其他格式。下面以机票预订系统的"机票预订"用例为例，给出一个用例描述的格式和内容，在实际建模过程中可以此为参考灵活使用。"预订机票"用例的用例描述如表 7-2 所示。

表 7-2　"预订机票"用例的用例描述

用例名称	机票预订
用例编号	U0701
参与者	注册用户
事件流	（1）参与者输入预订数量提交至系统。 （2）系统验证用户信息及订单信息合法后做出响应。 （3）系统根据订单数量检查库存量。 （4）系统统计订单的总价格。 （5）系统生成唯一订单号并保存订单，将付款页面发送给参与者。 （6）参与者付款后系统生成订单确认页面
前置条件	参与者需要完成登录操作
后置条件	如果用例执行成功，参与者的订单信息被更新；否则，系统状态不变

🔑 7.3　静态建模

当用例模型建立成功后,需要建立系统的类和对象,并需要指定类属性和类操作。静态建模即对象类建模,作用是描述系统的静态结构,包括构成系统的类和对象、它们的属性和操作,以及它们之间的联系。面向对象方法是以对象为基础来构造系统的,而不是以功能为基础来构造系统的。

7.3.1　静态建模过程

1. 确定类与对象

类和对象是在问题域中客观存在的。系统分析员的主要任务是通过分析找出客观存在的类和对象,然后,从候选的类和对象中删除不正确的或不合适的。

（1）找出候选的类与对象。

对象是问题域中有意义的事物的抽象,它们既可能是物理实体,也可能是抽象概念。具体地说,大多数客观事物可分为下面几种类型。

① 可感知的物理实体,如教材、机票等。

② 人或组织的角色,如教师、管理员等。

③ 事件,如申请、访问等。

④ 两个或多个对象的相互作用,通常具有交易或接触性质如浏览、预订等。

在面向对象分析时,可以参照上述事物的类型找出在当前问题域中的候选类与对象。例如,可以以自然语言书写的需求文档为依据,这种分析方法比较简单,是一种非正式的分析。文档中名词可作为候选的类与对象,动词可作为候选的操作。找出候选者之后的结果可以作为更详细、更精确的正式的面向对象分析的雏形。

（2）筛选出正确的类与对象。

显然,仅通过一些简单的过程不可能正确地完成分析工作。非正式的分析仅能找到一些候选的类与对象,接下来应该严格考查每个候选的类与对象,从中删除那些不正确的或不必要的,仅保留确实应该记录其信息或需要其提供服务的那些对象。

筛选时需要依靠以下准则进行。

① 剔除冗余:如果两个类表达了同样的信息,保留最富于描述力的名称。

② 无关准则:删除与问题无关的类。

③ 笼统准则:删除一些笼统的或模糊的类。

④ 属性准则:删除仅对其他对象的属性进行描述的名词。

⑤ 操作准则:在需求描述中,当可能使用一些既可作为名词,又可作为动词的词时,应根据它们在本问题中的含义来决定它们是作为类还是作为类中定义的操作。

⑥ 实现准则:在分析阶段,删除仅和实现有关的候选的类与对象。

2. 确定属性

属性是描述对象的数据单元,确定属性分为分析和选择两个步骤。通常,在需求描述中用名词词组表示属性,如"机票的价格"。因为不可能在需求描述中找到所有属性,所以分析员还必须借助于领域知识和常识才能分析得出所需要的属性。属性对问题域的基本结构影响很小。随着时间的推移,问题域中的类始终保持稳定,属性却可能改变,相应地,类中方法的复杂程度也将改变。

(1)分析。

属性是对象的性质,通常用名词词组和形容词来表示。属性的确定既与问题域有关,也与目标系统的任务有关。应该仅考虑与具体应用直接相关的属性,而无须考虑那些超出所要解决的问题范围的属性。在分析过程中应该首先找出最重要的属性,以后再逐渐把其他属性增添进去。在分析阶段不要考虑那些纯粹用于实现的属性。

(2)选择。

认真考查经初步分析而确定下来的那些属性,从中删除不正确的或不必要的属性。通常有以下几种常见情况。

① 区别对象和属性。如果某个实体的独立存在性比它的值重要,则应把它作为一个对象而不是对象的属性。

② 区别关联链属性和一般属性。在分析过程中,不应该把链属性作为对象属性。如果某个性质依赖于某个关联链的存在,则该性质是链属性而不是属性。链属性在多对多关联中很明显,在整个开发过程中,不用把它作为两个关联对象中任意一个的属性。

③ 区别限定词和属性。当属性固定后,减少关联的重数时,则可将该属性重新定义为一个限定词。

④ 区别内部状态和属性。如果某个性质是对象的非公开的内部状态时,则应该将这个属性从对象模型中删除。

⑤ 避免细化。一个对象的属性不能过于细化,在分析过程中,应删除那些对大多数操作没有影响的属性。

3. 确定关联

两个或多个对象之间的相互依赖、相互作用的关系就是关联。一般情况下,在初步分析问题域中的类与对象之后,就可以分析、确定类与对象之间存在的关联关系了。然后绘制类图。

(1)初步确定关联。

通常,关联关系在需求陈述中,使用描述性动词或动词词组来表示。首先,直接提取需求描述中的动词词组来初步确定多数的关联。其次,还能挖掘一些在陈述中隐含的关联。最后,根据问题域实体间的相互依赖、相互作用的关系,分析员还应该与用户和领域专家讨论,作进一步的补充。

(2)筛选。

经初步分析得出的关联只能作为候选的关联,还需经过进一步筛选,删除不正确的或不必要的关联。筛选时主要根据下面的5个标准删除候选的关联。

① 删除已经被删除的类之间的关联。

② 删除与问题无关的实现阶段的关联。

③ 删除瞬时关联。关联应该描述问题域的静态结构,而不应该是一个瞬时事件,应删

除瞬时事件的关联。

④ 分解多元关联。多元关联是指 3 个或 3 个以上对象之间的关联,多数可以分解为二元关联。

⑤ 删除派生关联。当有的关联可以用已有的关联来定义时,应该删除这些冗余的关联。

（3）完善关联。

经过筛选后的关联仍然不够精确,应该进一步对它进行完善。完善方法如下。

① 更正名字。有些名字含义不够明确,读者不容易理解。这时应该选择更合适的名字作为关联名。

② 分解。为了能够适用于不同的关联,必要时应该分解以前确定好的类与对象。

③ 增补。如果发现了被遗漏的关联,应该及时增补。

④ 标明重数。当确定各个关联的类型之后,可以初步地确定关联的重数。

4. 优化模型

事实上,建立起来的静态模型很难一次性得到满意的效果。在建模的任何一个步骤中,如果发现了模型的缺陷,都必须返回到前期阶段进行修改。经过多次反复修改,才能逐步完善得到完全正确的对象模型。

在实际工作中,建模的步骤也并非要严格按照前面陈述的步骤进行。分析员可以合并几个步骤的工作一起完成,也可以按照自己的习惯交换前述各项工作的次序,还可以先初步完成几项工作,再返回加以完善。

7.3.2　类图设计

类图（class diagram）是显示一组类、接口以及它们之间关系的图。一个类图主要通过系统中的类以及各个类之间的关系来描述系统的静态结构。

1. 类

类是一组拥有相同的属性、操作、方法、关系和行为的对象描述。类是面向对象系统组织结构的核心。

类图示例如图 7-13 所示。在类图中,类表示成一个有三个分隔区的矩形。其中顶端显示类名,中间显示类的属性,尾端显示类的操作,如图 7-13(a)所示。也可以选择隐藏类的属性或操作部分,隐藏了这两部分的类简化为一个只显示类名的矩形,如图 7-13(b)所示。

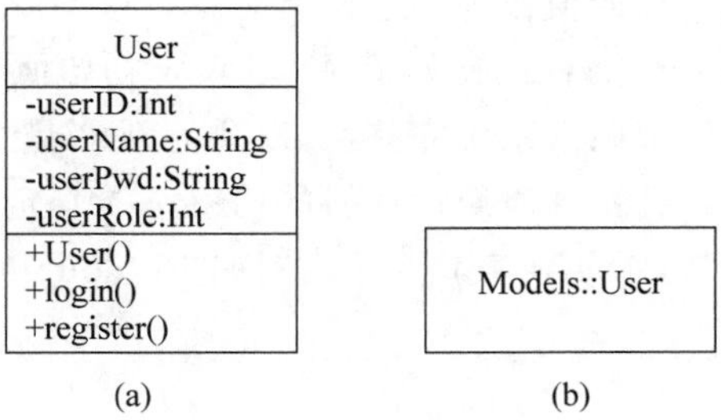

（1）类名。

每个类必须有一个区别于其他类的名称。

图 7-13　类图示例

在实际应用中,类名应该来自系统的问题域,选择从系统的词汇中提取出来的名词或名词短语,明确而无歧义,便于理解交流。

类名有两种表示方法:使用单独的名称称为简单名,如图 7-13(a)中的 User;在类名前加上包的名称,如 Models::User,称为路径名(见图 7-13(b)),表示 User 类属于 Models 包。

按照一般约定,类名一般采用 UpperCamelCase 格式,即以大写字母开头,大小写混合,每个单词首字母大写,避免使用特殊符号。

(2)属性。

属性是类的特性,它描述了该特性的实例可以取值的范围。类可以没有属性,也可以有任意数量的属性。属性描述了类的所有对象所共有的一些特性。例如,每个用户都有 ID、用户名、密码和权限四个属性。

在类图中,描述一个属性的语法格式为:

[可见性]属性名[:类型][多重性][=初始值][{特性}]

属性名是属性的标识符。在描述属性时,属性名是必需的,其他部分可选。按照一般约定,属性名采用 lowerCamelCase 格式,即以小写字母开头,非首单词的首字母大写。

可见性描述了该属性在哪些范围内可以被使用。属性的可见性有公有、私有和保护三种,如表 7-3 所示。例如,-UserName 就表示一个私有属性。

表 7-3　属性可见性

可见性	英文限定符	标准图示	说　　明
公有	public	+	其他类可以访问
私有	private	−	只对本类可见,不能被其他类访问
保护	protected	#	对本类及其派生类可见

类型即属性的数据类型,可以是系统固有的类型,如整型、字符型等,也可以是用户自定义的类型。属性的类型决定了该属性的所有可能取值的集合。例如,UserName:String 即表示一个字符串类型的属性 UserName。对于用于生成代码的类图,要求类的属性类型必须限制在由编程语言提供的类型或包含于系统中实现的模型类型之中。

属性的多重性表示为一个包含于方括号中的数字表达式,位于类型名后,相当于编程语言中的数组概念。例如,role:int[2]表示此属性是一个大小为 2 的 int 数组。当然,如果多重性为 1,则可以省略。

初始值作为创建该类对象时这个属性的默认值。例如,role:int=0 就表示了 int 类型的 role 属性的初始值是 0。设定初始值有两个好处,即保护系统完整性,防止漏掉取值或被非法值破坏系统完整性,以及为用户提供易用性。

特性即对属性性质的约束,UML 定义了三种可以用于属性的特性,其中可变特性是默认特性,如表 7-4 所示。例如 PI:double=3.1415926{frozen}就表示了一个不可修改的属性 PI。

表 7-4　属性特性

特　　性	含　　义
可变(changeable)	属性可以随便修改,没有约束
只增(addOnly)	属性修改时可以增加附加值,但不允许对值进行消除或减少
冻结(frozen)	在初始化对象后,就不允许改变属性值,对应于编程语言中的常量

（3）操作。

一个类可以没有操作，也可以有任意数量的操作。

UML 对操作和方法做了区别。操作详述了一个可以由类的任何一个对象请求以影响行为的服务；方法是操作的实现。

在类图中，描述一个操作的语法格式为：

[可见性]操作名[(参数列表)][:返回类型][{特性}]

操作名是操作的标识符。在描述操作时，操作名是必需的，其他部分可选。在实际建模中，操作名一般是用来描述该操作行为的动词或动词短语，命名规则与属性相同。

可见性同样描述该操作在哪些范围内可以使用，与属性的可见性相同。例如，＋GetUser()就表示此操作是一个公有操作。

参数列表是一些按照顺序排列的属性，定义了操作的输入。参数列表的表示方式与C♯、Java 等编程语言相同，可以有零到多个参数，多个参数之间以逗号隔开。

返回类型即回送调用对象消息的类型。无返回值时，一般的编程语言会添加 void 关键字表示无返回值。例如，GetUser():User 表示该操作的返回类型是 User 类型。

特性是对操作性质的约束说明。有的 UML 中，定义了如表 7-5 所示的可用于操作的特性。

（4）职责。

职责是类的契约或责任，当创建一个类时，就声明了这个类的所有对象具有相同种类的状态和相同种类的行为。在较高的抽象层次上，这些相应的属性和操作正是要完成类的职责的特性。

表 7-5　操作特性

特　　性	含　　义
叶子(leaf)	操作不是多态的，即不能被重写
查询(isQuery)	操作的执行不会改变系统的状态
顺序(sequential)	在一个对象中一次仅有一个流
监护(guarded)	一次只能调用对象的一个操作
并发(concurrent)	来自并发控制流的多个调用可能同时作用于一个对象

类可以有任意数目的职责，当构建模型时，要把这些职责转换成能很好地完成这些职责的一些属性和操作。

（5）抽象类。

抽象类即不可实例化的类，也就是说，抽象类没有直接的实例。当某些类有一些共同的方法或属性时，可以定义一个抽象类来抽取这些共性，然后将包含这些共性操作和属性的具体类作为该抽象类的继承。操作也有类似的特性。在类图中，抽象类和抽象操作的表示方法是将类名和操作名用斜体表示。

（6）分析类。

分析类是一个主要用于开发过程中的概念，用来获取系统中主要的"职责簇"，代表系统的原型类，是带有某些构造型的类元素，包括边界类、控制类和实体类三种。分析类在从业务需求向系统设计的转化过程中起到重要的作用。

边界类是一种用于对系统外部环境与其内部运作之间的交互进行建模的类。边界类示例如图 7-14 所示。一般来说，边界类的实例可以是窗口、通信协议、传感器或终端等。

控制类是一种对一个或多个用例所特有控制行为进行建模的类。控制类示例如图 7-15 所示。控制类的实例称为控制对象，用来控制其他对象，体现出应用程序的执行逻辑。

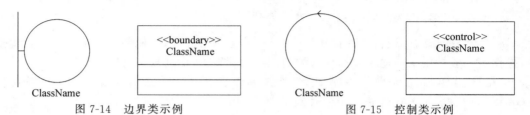

图 7-14　边界类示例　　　　　　　　　　图 7-15　控制类示例

实体类是用于对必须存储的信息和相关行为建模的类。实体类示例如图 7-16 所示。实体类就是对来自现实世界的具体事物的抽象。实体类的主要职责是存储和管理系统内部的信息，它也可以有行为，甚至很复杂的行为，但这些行为必须与它所代表的实体对象密切相关。实体类的实例称为实体对象，用于保存和更新一些现象的有关信息。实体类具有的属性和关系一般都是被长期需要的，有时甚至在系统整个生存周期内都需要。

2. 接口

接口是一个被命名的操作集合，用于描述类或组件的一个服务。接口不同于任何类或类型，它不描述任何结构，因此不包含任何属性；也不描述任何实现，因此不包含任何实现操作的方法。像类一样，接口可以有一些操作。接口中没有对自身内部结构的描述，因此，接口没有私有特性，它的所有内容都是公共的。接口代表了一份契约，实现接口的类必须履行这份契约。

与类相似，接口可以有泛化。子接口包含其父接口的全部内容，并且可以添加额外的内容。与类不同的是，接口没有直接实例。也就是说，不存在属于某个接口的对象。

接口示例如图 7-17 所示。在类图中，接口由一个带名称的小圆圈表示，如图 7-17(a)所示。接口名与类名相似，同样存在简单名和路径名两种表示法。为了显示接口中的操作，接口可以表示为带有<<interface>>构造型的类，如图 7-17(b)所示。

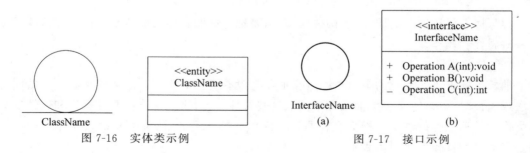

图 7-16　实体类示例　　　　　　　　　　图 7-17　接口示例

3. 关系

在类图中，很少有类是独立为系统发挥作用的，大部分的类以某些方式彼此协作进行工作。因此,在进行静态建模时,不仅要抽象出形成系统词汇的事物,还必须对这些事物之间的关系进行建模。

类图中涉及了 UML 中最常用的四种关系,即关联关系、泛化关系、依赖关系和实现关系。

(1) 关联关系。

关联关系是两个或多个类之间的关系,它描述了这些类的实例间的连接。关联关系靠近被关联元素的部分称为关联端。关联将一个系统模型组织在一起。

最普通也最常用的关联关系是二元关联,二元关联即有两个关联端的关联关系。二元关联示例如图 7-18 所示。二元关联使用一条连接两个类边框的实线段表示,这条实线称为关联路径。

图 7-18　二元关联示例

当三个或以上的类之间存在关联关系时,便无法使用二元关联的表示法了,此时称之为 N 元关联。N 元关联表示为一个菱形,从菱形向外引出通向各个参与类的路径。三元关联示例如图 7-19 所示。

N 元关联在理解上不如二元关联直观,并且绝大部分 N 元关联都可以被重新建模成为多个二元关系。因此不建议在建模中使用 N 元关联,以免引起表达和理解错误。

除连接类元的关联路径外,还有关联名称、多重性、导航性、聚合、组合等可选内容可以对关联关系的语义进行进一步的细化和精确化。

① 关联名称。关联可以有一个名称。关联名称示例如图 7-20 所示。关联名称放在关联路径的旁边,但远离关联端。

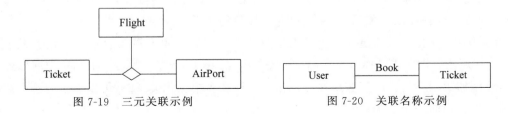

图 7-19　三元关联示例　　　　　　图 7-20　关联名称示例

② 多重性。多重性放在靠近关联端的部分,表示在关联关系中源端的一个对象可以与目标类的多少个对象之间有关联。常用的多重性有 0、1、0..1(0 或 1)、0.. * (0 或更多)、1.. * (1 或更多)等。多重性示例如图 7-21 所示,Ticket 类与 Flight 类的关联关系的多重性,即一个航班可以有 1 个或更多张机票,而一张机票只能属于某一架航班。

③ 导航性。导航性是一个布尔值,用来说明运行时刻是否可能穿越一个关联。对于二元关联,当对一个关联端设置了导航性就意味着可以从另一端指定类型的一个值得到目标端的一个或一组值。对于二元关联,只有一个关联端上具有导航性的关联关系称为单向关联,通过在关联路径的一侧添加箭头来表示;在两个关联端上具有导航性的关联关系称为双向关联,关联路径上不加箭头。导航性示例如图 7-22 所示,一个订单可以获取到该订单的一份机票预订信息,但另一端机票预订信息无法获取到哪些订单包括了该机票预订信息。

图 7-21   多重性示例   图 7-22   导航性示例

④ 聚合。聚合关系是一种特殊形式的关联关系,用来表示一个"整体-部分"的关系。需要注意的是,聚合关系没有改变整体与部分之间整个关联的导航含义,也与整体和部分的生命周期无关。也就是说,在聚合关系中,"部分"可以独立于"整体"存在。在类图中,通过在关联路径上靠近表示"整体"的类的一端上使用一个小空心菱形来表示。聚合关系示例如图 7-23 所示,AirPort 类与 Flight 类之间构成一个聚合关系,即一个机场中有许多航班,当机场对象不存在时,航班同样可以作为其他用途,二者是独立存在的。

⑤ 组合。组合关系描述的也是整体与部分的关系,它是一种更强形式的聚合关系,又被称为强聚合。与聚合关系的区别在于,在组合关系中的部分要完全依赖于整体。这种依赖性主要表现在两方面:部分对象在某一特定时刻只能属于一个组合(整体)对象;组合对象与部分对象具有重合的生命周期,组合对象销毁的时候,所有从属部分必须同时销毁。组合关系示例如图 7-24 所示,Flight 类与 Ticket 类之间构成组合关系,机票必须附加在航班中存在,当航班类被删除时,其中的机票类部分也必须被删除。

图 7-23   聚合关系示例   图 7-24   组合关系示例

(2) 泛化关系。

泛化关系定义为一个较普通的元素与一个较特殊的元素之间的类关系。其中普通的元素称为父,特殊的元素称为子。对于类而言,泛化关系就是父类与子类之间的关系。另外,接口之间也可以存在泛化关系,即父接口与子接口的关系。

在类图中,泛化关系通过一个由子类指向父类的空心三角形箭头表示。泛化关系示例如图 7-25 所示。图 7-25 中 CommonUser 类与 RegisterUser 类继承了 Animal 类的属性和操作,还添加了属于自己的某些属性和操作。当存在多个泛化关系时,可以表示为一个树结构,每个分支指向一个子类。

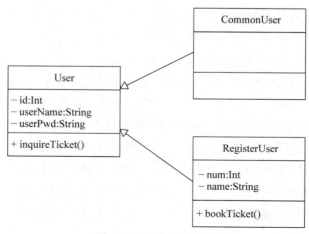

图 7-25   泛化关系示例

（3）依赖关系。

依赖关系表示的是两个元素之间语义上的连接关系。对于两个元素 X 和 Y，如果元素 X 的变化会引起另一个元素 Y 的变化，则称元素 Y 依赖于 X。其中，X 被称为提供者，Y 被称为客户。依赖关系使用一个指向提供者的虚线箭头来表示。依赖关系示例如图 7-26 所示。

（4）实现关系。

实现关系用来表示规格说明和实现之间的关系。在类图中，实现关系主要用于接口与实现该接口的类之间。一个类可以实现多个接口，一个接口也可以被多个类实现。在类图中，实现关系表示为一条指向提供规格说明元素的虚线三角形箭头。实现关系示例如图 7-27 所示。

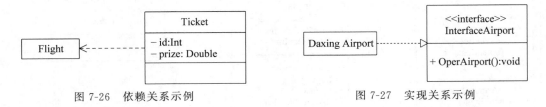

图 7-26　依赖关系示例　　　　　　　　图 7-27　实现关系示例

7.3.3　静态建模实例

以某机票预订系统为例，展示类图的设计过程。

1. 确定类

根据 7.2.3 节中情境说明的描述，确定出系统主要包括用户、管理员、机场、航班与机票 5 个实体类，还应该包括一个系统控制类来控制整个系统。由于分析阶段尚未进行用户界面设计，因此类图中暂时不涉及边界类，可以在设计阶段再对类图进行完善。确定类如图 7-28 所示。

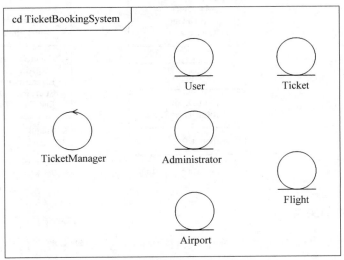

图 7-28　确定类

2. 添加类的属性与操作

在确定了系统中包括的类之后,需要根据类的职责来确定类的属性与操作。在实际开发过程中,这是一个需要多次迭代的过程,即需要多次明确其语义和添加新内容。在最初的分析阶段,只要能大致描述类在整个系统中的作用即可。添加类的属性与操作如图 7-29 所示。

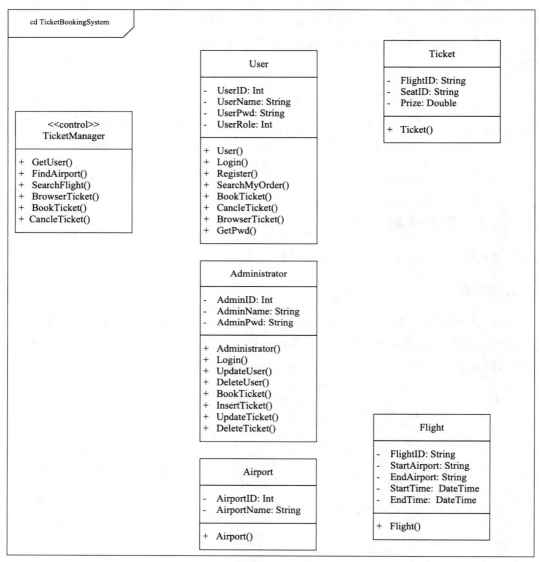

图 7-29　添加类的属性与操作

3. 确定类图中的关系

在确定了类的基本内容之后,需要添加类图中的关系来完善类图的内容。类图中的类需要通过关系的联系才能互相协作,发挥完整的作用。

TicketManager 类与 User 类及 Administrator 类之间相关联，表示系统中包含的用户和管理员账户。TicketManager 类与 Airport 类之间的关联表示系统中包括的机场。AirPort 类与 Flight 类之间的关联表示机场中运行的航班。Flight 类与 Ticket 类之间的关联表示一架航班中包含的机票。Ticket 类与 User 类之间的关联表示用户所购买的机票。此外，还要注意这些关联关系两端的多重性和导航性。机票预订系统类图如图 7-30 所示。

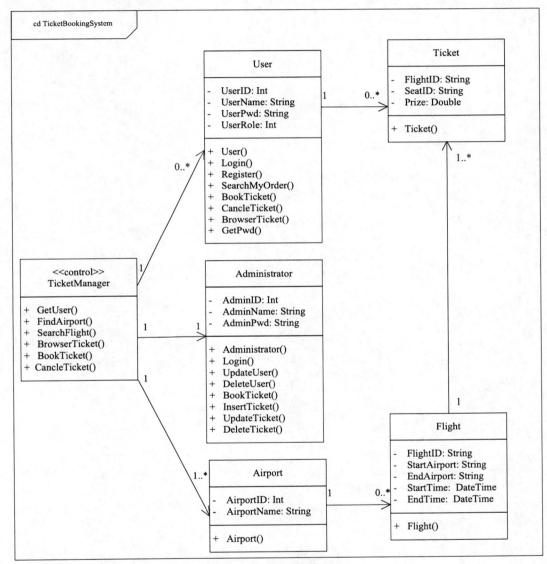

图 7-30 机票预订系统类图

4. 使用类图生成代码

在类图绘制完毕后，可以利用正向工程来生成对应的代码。由于篇幅限制，这里只给出 User 类生成的 C♯ 代码。

```
1    //------------------------------------------------------------
2    // <auto-generated>
3    //      此代码由工具生成
4    //      如果重新生成代码,将丢失对此文件所做的更改。
5    // </auto-generated>
6    //------------------------------------------------------------
7    using System;
8    using System.Collections.Generic;
9    using System.Linq;
10   using System.Text;
11   public class User
12   {
13       private int UserID
14       {
15           get;
16           set;
17       }
18       private string UserName
19       {
20           get;
21           set;
22       }
23       private string UserPwd
24       {
25           get;
26           set;
27       }
28       private int UserRole
29       {
30           get;
31           set;
32       }
33       public User()
34       {
35       }
36       public virtual void Login()
37       {
38           throw new System.NotImplementedException();
39       }
40       public virtual void Register()
41       {
42           throw new System.NotImplementedException();
43       }
44       public virtual void SearchMyOrder()
45       {
46           throw new System.NotImplementedException();
47       }
48       public virtual void BookTicket()
49       {
50           throw new System.NotImplementedException();
```

```
51        }
52        public virtual void CancleTicket()
53        {
54            throw new System.NotImplementedException();
55        }
56        public virtual void BrowserTicket()
57        {
58            throw new System.NotImplementedException();
59 public virtual void GetPwd()
60 public virtual void GetPwd()
61        {
62            throw new System.NotImplementedException();
63        }
64 }
```

🔑 7.4　动态建模

动态模型描述了系统的动态行为,在系统分析、系统设计阶段建立动态模型。动态模型涉及对象的执行顺序和状态的变化,侧重于系统控制逻辑的描述。动态模型包括交互模型和状态模型。

交互模型由顺序图和通信图组成,顺序图与通信图从不同角度描述了系统的行为,顺序图主要用于着重表现对象间消息传递的时间顺序,而通信图主要用于描述对象之间的协作关系。二者都可以实现用例图中控制流的建模,用于描述用例图的行为。

状态模型由状态机图和活动图组成。状态机图展示了一个对象在生命周期内的行为、状态序列、所经历的转换等。活动图描述了系统对象从一个活动到另一个活动的控制流、活动序列、工作流程、并发处理行为等。

7.4.1　顺序图设计

顺序图(sequence diagram),也称为序列图或时序图,是按时间顺序显示对象交互的图。具体来说,它显示了参与交互的对象和所交换信息的先后顺序,用来表示用例中的行为,并将这些行为建模成信息交换。

一般来说,每个顺序图需要经历两个阶段。第一个阶段一般是在项目的需求建模阶段,此时的顺序图往往是用来与客户确认用例的交互过程,此时一般使用业务语言来描述交互的对象及消息传递。第二个阶段一般是在项目的分析或设计阶段,此时顺序图多用于描述一个具体的交互过程,用来明确类操作的具体交互过程,此时顺序图的目标不是客户,而是项目小组,包括设计人员与开发人员。此时一般在顺序图中展示大量细节,将每个对象映射到类、每个消息映射到类的操作,有助于指导编程实现。

1. 对象与生命线

(1) 对象。

顺序图中的对象与对象图中的概念一样,都是类的实例。顺序图中的对象可以是系统的参与者或者任何有效的系统对象。对象的创建由符号来表示,即在对象创建点的生命线顶部使用显示对象名和类名的矩形框来标记,二者用冒号隔开,即为"对象名：类名"。如果对象的名字被省略,则表示为一个匿名对象。对象所属的类名也允许被省略。

如果一个对象被放置于顺序图顶端,表示这个交互开始之前,已经拥有这样一个对象了。如果一个对象被放置在其他位置上,则说明这个对象是在交互执行到某些步骤时被创建出来的。被创建出来的对象可以在接下来的时间里被其他对象的消息所激活,也可以以同样的方式被销毁。

(2) 生命线。

对象在顺序图中的生存周期表示为一条生命线。生命线代表一次交互中的一个参与对象在一段时间内存在。具体来说,在生命线所代表的时间内,对象一直是可以被访问的。

在顺序图中,生命线位于每个对象的底部中心位置,显示为一条垂直的虚线,与时间轴平行,带有一个显示对象的头符号。如果对象创建于顺序图顶部,其生命线一直延伸至底部。如果在交互过程中被创建的对象,其生命线从接收到新建对象的消息时开始。如果在交互过程中被销毁的对象,其生命线在接收到销毁对象的消息时或在自身最后的返回消息之后结束,同时用一个"×"标记表明生命线的结束。对象与生命线如图 7-31 所示。

2. 激活

激活又称为控制焦点,表示一个对象执行一个动作所经历的时间段,既可以直接执行,也可以通过安排下级过程来执行。同时,激活也可以表示对应对象在这段时间内不是空闲的,它正在完成某个任务,或正被占用。一般来说,一个激活的开始应该是收到了其他对象传来的消息,这段激活会处理该消息,执行一些相关的操作,然后反馈或者进行下一步消息传递。通常来说,一个激活结束的时候应该伴有一个消息的发出。

激活在顺序图中用一个细长的矩形表示,显示在生命线上。激活如图 7-32 所示。矩形的顶部表示对象所执行动作的开始,底部表示动作的结束。

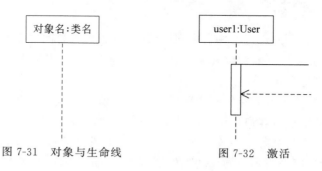

图 7-31　对象与生命线　　　　图 7-32　激活

3. 消息

消息是从一个对象向另一个对象发送信号,或由一个对象调用另一个对象的操作。消息是对象和对象协同工作的消息载体,它代表了一系列实体间的通信内容。在顺序图中,消息表示为从一个对象的生命线指向另一个对象的生命线的箭头。消息按照时间顺序从图的顶部到底部垂直排列。

最常见的消息是简单消息,使用一个实心箭头表示。简单消息如图 7-33 所示。简单消息表示控制流,可以泛指任何交互,但不描述任何通信信息。通常来说,可以将所有的消息都定义成简单消息。

在传递一个消息时,对消息的接收往往会产生一个动作。这个动作可能引发目标对象以及该对象可以访问的其他对象的状态改变。根据消息产生的动作,消息也有不同的表示方法。动作对应的消息如图 7-34 所示。

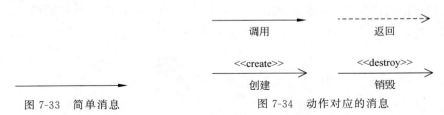

图 7-33　简单消息　　　　　　　　图 7-34　动作对应的消息

(1) 调用:调用某个对象的一个操作,使用一个头部为实心三角的箭头来表示。

(2) 返回:返回消息不是主动发出的,而是一个对象接收到其他对象的消息后返回的消息,使用虚线箭头表示。一般情况下,仅需要绘制重要的返回消息。

(3) 创建:创建一个对象时发送的消息,使用具有<<create>>构造型的消息表示。

(4) 销毁:销毁一个对象时发送的消息,使用具有<<destroy>>构造型的消息表示。

如果根据消息的并发性来区分,消息可以分为同步消息和异步消息两种。同步是指事物之间非并行执行的一种状态。同步消息通过在箭头上标注"×"来表示。大多数方法调用的都是同步消息,因此,一般情况下并不需要使用同步消息的表示法。只有在并发程序中才可能出现非同步的消息,即异步消息。消息发出者在发出异步消息之后,不必等待接收者的返回消息便可以继续执行活动和操作。异步消息表示为半个箭头。同步消息与异步消息如图 7-35 所示。

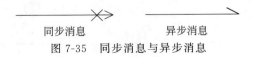

同步消息　　　　　　异步消息

图 7-35　同步消息与异步消息

7.4.2　活动图设计

活动图(activity diagram)是用于表达系统动态特性的图。活动图的作用是描述一系列具体动态过程的执行逻辑,展现活动和活动之间转移的控制流。活动图与流程图类似,都是用来表达动作序列的执行过程,但是,流程图仅能展示一个固定的过程,而活动图既可以展示并发过程,也可以展示活动与活动之间信息的流动,所以,活动图的表达能力要高于流程图。

1. 动作

动作代表一个原子操作,如发送消息、删除对象、返回结果等操作都可以是一个动作。动作仅有描述,不需要命名,描述的内容就是动作代表的含义,如选择航班。在活动图中,动作使用一个左右两端为圆弧的矩形框来表示,在图形内部加入动作的描述。动作如图 7-36 所示。

2. 开始与终止

活动图中的开始和终止是两个标记符号。开始与终止如图 7-37 所示。开始指明了业务流程的起始位置,使用一个实心黑色圆圈表示;终止指明了业务流程的可能结束位置,使用一个黑色实心圆圈外套空心圆圈表示。活动图中必须有且仅有一个开始标记,一般至少有一个终止标记。

图 7-36　动作　　　　图 7-37　开始与终止

3. 控制流

控制流是活动图中用于标记控制路径的一种符号。控制流表示一个动作执行完毕后,将执行主体从当前已完毕的节点转移到过程的下一个动作。控制流使用一条箭头表示,箭头从前一个动作出发指向下一个动作。控制图如图 7-38 所示。

4. 判断节点

判断节点是在活动图中用于逻辑判断和创造分支的一种方法。判断节点具有一个进入控制流和至少两个导出控制流,判断节点的前一个动作应该是判断型动作,如是否有票。判断节点用一个菱形表示。判断节点如图 7-39 所示。判断节点有且仅有一个指向它的箭头,有至少两个由它出发指向其他动作的箭头。

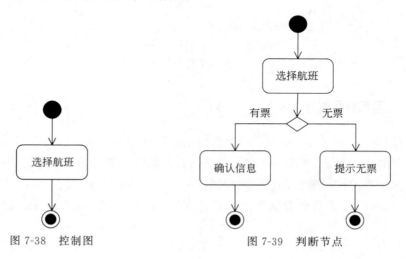

图 7-38　控制图　　　　图 7-39　判断节点

5. 合并节点

合并节点将多个控制流进行合并,并统一导出到同一个离开控制流。合并节点也使用一个菱形表示。合并节点如图 7-40 所示。合并节点至少有两个指向它的箭头,有且仅有一个由它出发指向其他动作的箭头。需要注意的是,几个动作都指向同一个合并节点并不意味着这些动作需要在进入之后同步执行,它仅表示将任何执行到该合并节点的动作导向它的离开控制流。

6. 分叉节点与结合节点

分叉节点是从线性流程进入并发流程的过渡节点,它拥有一个进入控制流和多个离开控制流。结合节点是将多个并发控制流收回同一流程的节点标记。分叉节点与结合节点都由一根粗横线表示。分叉节点与结合节点如图 7-41 所示。与判断节点和合并节点不同的是,分叉节点与结合节点都表示一种并发关系,其中分叉节点的所有离开流程是并发关系,结合节点的各个进入控制流间具有并发关系。

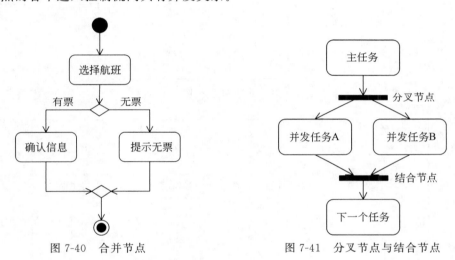

图 7-40　合并节点　　　　　　　图 7-41　分叉节点与结合节点

7. 泳道

活动图中的元素可以使用泳道进行分组。一条泳道中的所有动作均由同一个对象来执行。泳道示例如图 7-42 所示,在预订机票过程中,可以分为"用户"和"系统"两条泳道,每条泳道中的动作都由同一对象来执行。

7.4.3　动态建模实例

1. 顺序图设计

以某机票预订系统的登录用例为例,展示顺序图的设计过程。

（1）确定交互对象。

创建顺序图的第一步就是要明确参与对象。"登录"用例的用户作为参与者,是交互过程的发起者。如果机票预订系统采用 MVC 模式进行设计,参与交互过程的对象还包括用户界面、逻辑层和数据库。确定交互对象如图 7-43 所示。

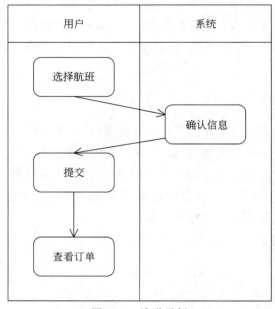

图 7-42 泳道示例

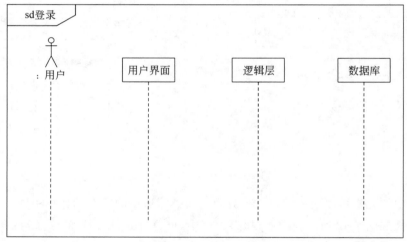

图 7-43 确定交互对象

（2）添加消息。

在确定了参与交互的对象之后，就要在对象之间添加消息的传递。用户首先在界面填写表单并确认，用户界面将用户填写的表单数据发送给逻辑层，逻辑层向数据库发送请求来检查用户数据的合法性，接收到合法的返回消息后，逻辑层再向界面发送消息显示出登录结果。

按照分析的交互过程，向顺序图中添加消息，创建出完整的顺序图。登录用例顺序图如图 7-44 所示。

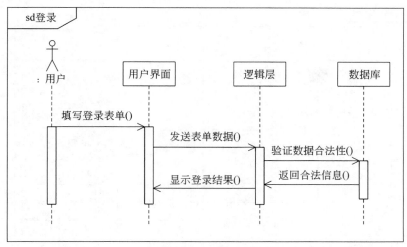

图 7-44　登录用例顺序图

2.活动图设计

以某机票预订系统的预订机票用例为例,展示活动图的设计过程。

(1) 确定泳道。

首先确定参与的对象,即确定活动图中的泳道,通过分析,预订机票用例共有选择航班、确认信息、提示无票、提交、更新机票信息、产生机票订单等动作。泳道说明了活动的执行者,因此,以上动作可以分为用户和系统两个泳道。绘制泳道如图 7-45 所示。

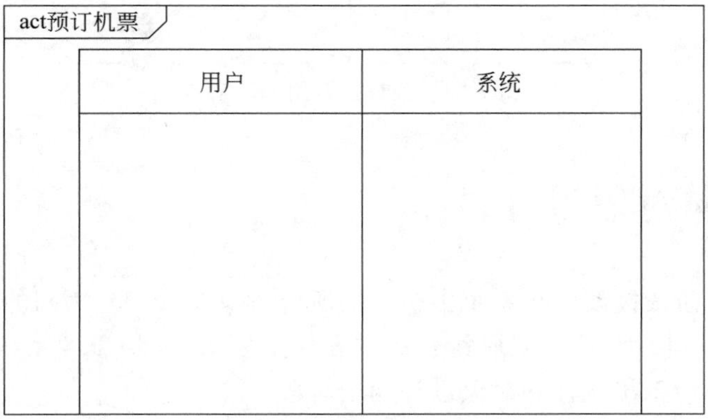

act预订机票	
用户	系统

图 7-45　绘制泳道

(2) 按逻辑顺序完成活动图。

在确定泳道后,梳理预订机票的业务流程。用户首先选择航班,如果所选航班已无票,则系统返回提示信息,用户可以重新选择航班;如果所选航班有票,则系统请求用户确认订票信息,此时用户可以取消订票,也可以确认订票信息后进行提交,用户提交后系统将更新机票信息并同时生成机票订单,然后结束预订机票流程。

预订机票用例活动图如图 7-46 所示。其中更新机票信息与生成机票订单是并发关系,是否有票与是否提交为判断节点。

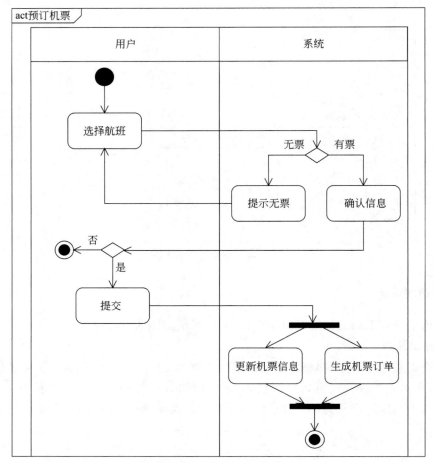

图 7-46　预订机票用例活动图

🔑 7.5　面向对象设计

面向对象分析阶段需要分析系统中包含的所有对象及其相互之间的关系。面向对象设计是把分析阶段得到的需求转变成符合成本和质量要求的、抽象的系统实现方案的过程。面向对象设计又分为系统设计和对象设计两个阶段。

7.5.1　系统设计

在设计比较复杂的软件系统时普遍采用"分而治之"的策略，也就是首先把系统分解成若干比较小的部分，然后再分别设计每个部分。所以，系统设计就是要将系统分解为若干子系统，在定义和设计子系统时应该使其具有良好的接口，通过接口与系统的其余部分进行通信。面向对象设计模型在逻辑上由 4 部分组成，它们对应组成目标系统的 4 个子系统，即问题域子系统、人机交互子系统、任务管理子系统和数据管理子系统。

1. 问题域子系统设计

问题域应包括与应用问题直接有关的所有类和对象。识别和定义这些类和对象的工作在面向对象分析阶段已经开始,在面向对象分析阶段得到的模型描述了要解决的问题。在面向对象设计阶段,对分析阶段得到的结果进行改进和补充。问题域子系统设计的主要工作有调整需求、重用已有类、组合问题域类和调整继承关系。

(1)调整需求。如果需求发生了变化或是分析人员在理解软件需求上还不完整,需要简单修改面向对象分析的结果,再把这些修改反映到问题域子系统中。

(2)重用已有类。软件设计时,要考虑如何将已有的类增加到问题域部分中。因此,需要在已有类中找到能被问题域重用的类,然后由重用的类派生出问题域的类,再添加定义问题域的类,最后修改与问题域类相关的关联。

(3)组合问题域类。先分析查找一个能把问题域类组合在一起的类,作为根类,把所有与问题域有关的类关联到一起,建立类的层次结构。把同一问题域的一些类集合起来存放到类库中,起到概括每一个类及对象的作用。

(4)调整继承关系。面向对象分析模型中包括多重继承,而设计语言一般不支持多重继承,必须对面向对象分析的结果做修改,把多重继承转换为单继承。

2. 人机交互子系统设计

人机交互部分是面向对象设计模型的外围组成部分之一。在面向对象分析过程中,已经对用户界面需求做了初步分析。在面向对象设计过程中,则应该对系统的人机交互子系统进行详细设计,以确定人机交互的细节。人机交互设计的质量,将直接影响用户对软件产品的评价。

3. 任务管理子系统设计

任务是进程的别称,是执行一系列活动的一段程序。当系统中有许多并发行为时,需要依照各个行为的协调和通信关系划分各种任务,以简化并发行为的设计和编码。任务管理的一项重要内容是确定哪些是必须同时进行的任务,哪些是相互排斥的任务。设计人员根据以上任务,最后设计出任务管理子系统。

4. 数据管理子系统设计

数据管理子系统为面向对象设计模型提供了在特定的数据库管理系统之上,存储或检索对象的基本结构。设计数据管理子系统的目的是将目标软件系统中依赖平台开发的数据存取部分与其他功能分离。

7.5.2　对象设计

面向对象分析得到的对象模型,通常并没有详细描述类中的服务。面向对象设计阶段是扩充、完善和细化对象模型的过程,设计类中的服务、实现服务的算法是面向对象设计的重要任务。

1. 对象描述

对象是类的一个实例,对象的设计描述可以采用以下两种形式之一。

(1)协议描述。

通过定义对象可以接收到的每个消息和当对象接收到消息后完成的相关操作来建立对象的接口。协议描述是一组消息和对消息的注释。

(2)实现描述。

描述由传送给对象的消息所蕴含的每个操作的实现细节,包括对象名字的定义和类的引用、关于描述对象的属性的数据结构的定义及操作过程的细节。

2. 设计类中的服务

(1)确定类中应有的服务。

需要综合考虑设计模型才能确定类中应有的服务。

(2)设计实现服务的方法。

设计实现服务首先应设计实现服务的算法,考虑算法的复杂度,如何使算法容易理解、容易实现并容易修改。其次是选择数据结构,要选择能方便、有效地实现算法的数据结构。最后定义类的内部操作,可能需要添加一些用来存放中间结果的类。

3. 设计类的关联

在应用系统中,使用关联有两种可能的方式,即只需要单向遍历的单向关联和需要双向遍历的双向关联。

4. 链属性的实现

链属性的实现要根据具体情况分别处理。如果是一对一关联,链属性可作为其中一个对象的属性而存储在该对象中。而一对多关系,链属性可作为"多"端对象的一个属性。至于多对多关系,使用一个独立的类来实现链属性。

5. 设计的优化

设计的优化需要确定优先级,设计人员必须确定各项质量指标的相对重要性才能确定优先级,以便在优化设计时制订折中方案。

🔑 7.6　应用案例——高校财务问答系统面向对象分析与设计

高校财务问答系统主要分为前台移动端和后台管理端两个子系统。

高校财务问答系统前台移动端的用户是教师,主要是进行问题查询和问题反馈,具体需求如下。

(1)需要提供教工登录的功能,通过教工号和密码登录。

(2)需要提供按照问题类别查询的功能,先选择类别,再选择该类别下的问题,可以查询该问题的答案。

（3）需要提供按照问题查询次数排序的最热问题列表，选择"最热问题"列表中的某个问题，查询该问题的答案。

（4）需要提供按照问题关键词搜索的功能，在"搜索"文本框中输入关键词，可以搜索到相关的问题列表，再选择列表中的问题，查询该问题的答案。

（5）每个问题答案的页面附有相关的图片文件，可以单击下面的链接查看。

（6）需要提供问题反馈的功能。若没有找到相关问题，可以进行问题反馈。问题反馈分为三种方式：线上反馈、联系驻点会计、联系值班会计。线上反馈需要填写反馈信息，将问题信息提交至后台管理端子系统。联系驻点会计和联系值班会计方式可以显示相关联系信息。

高校财务问答系统后台管理端的用户是管理员，主要是对系统相关信息进行管理，具体需求如下。

（1）需要提供教师信息管理功能。在添加教职工时，可以对选择单独手动输入信息进行添加，也可以导入 Excel 文档批量上传；在删除信息时，可以进行一键全部删除。

（2）需要提供类别信息管理功能，可以对类别信息进行添加、修改和删除。

（3）需要提供问题信息管理功能，可以对问题信息进行增加、修改和删除，也可以通过导入 Excel 文档来批量上传问题。

（4）需要提供统计管理功能，实现查看问题被查询的次数以及下载相关文件。

（5）需要提供反馈管理功能，可以查看用户反馈的问题、反馈人姓名、反馈人单位等信息。

1. 用例模型设计

用例模型设计是从用户的角度分析系统的功能。通过以下步骤建立高校财务问答系统用例模型。

（1）确定参与者。财务问答系统有教师和管理员两类参与者。

（2）确定用例。

① 教师：登录、搜索问题、类别搜索、最热搜索、关键词搜索、查看答案、反馈问题、线上反馈、驻点反馈、值班反馈等用例。

② 管理员：登录、管理教师信息、添加教师信息、删除教师信息、批量删除教师、批量导入教师、修改教师信息、管理类别信息、添加类别信息、修改类别信息、删除类别信息、管理问题信息、添加问题信息、修改问题信息、删除问题信息、批量导入问题、统计管理、下载文件、反馈管理等用例。

（3）确定用例之间的关系。

① 教师需要选择一种方式进行问题搜索，查找到问题后才可以单击问题查看答案，因此，查看答案用例与搜索问题用例之间是包含关系。

② 教师的搜索问题用例是抽象用例，与类别搜索、最热搜索、关键词搜索用例是泛化关系。

③ 教师的反馈问题用例是抽象用例，与线上反馈、驻点反馈、值班反馈用例是泛化关系。

④ 管理员的管理教师信息用例是抽象用例,与添加教师信息、删除教师信息、批量删除教师、批量导入教师、修改教师信息用例是泛化关系。

⑤ 管理员的管理类别信息用例是抽象用例,与添加类别信息、修改类别信息、删除类别信息用例是泛化关系。

⑥ 管理员的管理问题信息用例是抽象用例,与添加问题信息、修改问题信息、删除问题信息、批量导入问题用例是泛化关系。

⑦ 管理员在查看统计信息时,如果需要,可以下载相关文件,因此,统计管理用例与下载文件用例之间是扩展关系。

(4)绘制用例图。高校财务问答系统用例图如图 7-47 所示。

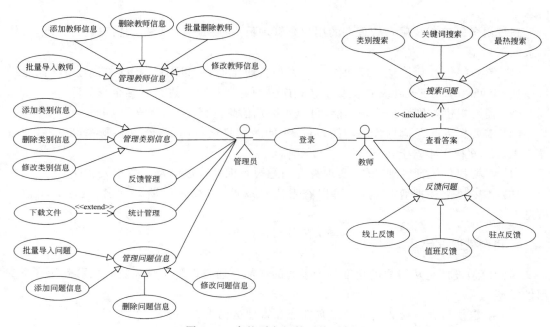

图 7-47　高校财务问答系统用例图

(5)编写用例描述。下面以教师的"查看答案"用例为例说明用例描述,如表 7-6 所示。

表 7-6　"查看答案"用例的用例描述

用例名称	查看答案
用例编号	U301
参与者	教师
事件流	1.参与者选择一种搜索方式,进入搜索页面; 2.参与者单击问题进行答案查询; 3.系统查找到问题,进入问题详情页面; 4.更新问题查询次数
前置条件	参与者需要完成登录操作
后置条件	如果用例执行未成功,系统提示用户问题反馈

2. 静态模型设计

（1）确定实体类。从需求描述中查找表示实体的名词，确定实体类有教师、管理员、问题、反馈、类别。

（2）确定类之间的关系。教师类与问题类之间是关联关系，表示教师查询的问题；教师类与反馈类之间是关联关系，表示教师提出的反馈；问题类与类别类之间是依赖关系，表示类别的变化会引起问题的变化。管理员类与教师类之间是关联关系，表示管理员管理的教师信息；管理员类与问题类之间是关联关系，表示管理员管理的问题信息；管理员类与类别类之间是关联关系，表示管理员管理的类别信息；管理员类与反馈类之间是关联关系，表示管理员查看的反馈。

（3）绘制类图，类图反映类之间的关系。高校财务问答系统类图如图 7-48 所示。

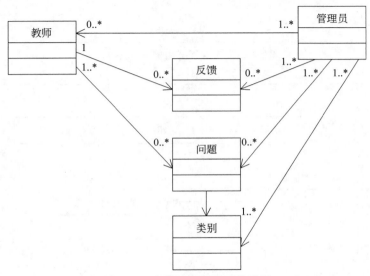

图 7-48　高校财务问答系统类图

3. 动态模型设计

下面以高校财务问答系统关键用例为例，分别描述交互模型与状态模型的建模过程。

（1）交互模型。

通过顺序图可以展示出基于 MVC 框架的用例实现过程。查看答案用例的顺序图如图 7-49 所示；修改问题信息用例的顺序图如图 7-50 所示。

（2）状态模型。

反馈问题用例的活动图如图 7-51 所示。首先教师用户在页面中单击问题反馈，然后在反馈页面中输入信息并提交，系统前端页面会验证用户是否输入必填信息，如果数据不完整，会提示用户信息不完整，用户可以继续输入反馈信息，如果数据完整，系统会在数据库中存储用户反馈信息，并同时提示用户反馈信息成功。

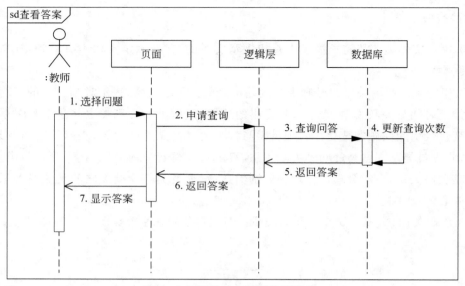

图 7-49   查看答案用例的顺序图

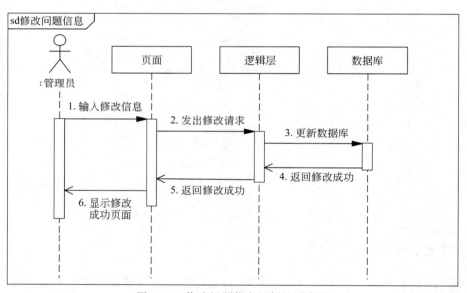

图 7-50   修改问题信息用例的顺序图

批量导入问题用例的活动图如图 7-52 所示。首先管理员用户单击批量导入后,将问题文件上传,系统会验证批量导入模板,如果模板不正确,会提示用户模板错误,如果模板正确,将更新数据库中问题数据。

4. 系统设计

高校财务问答系统主要分为 4 个子系统包,即用户接口包、业务逻辑包、数据库包和应用包,系统设计包图如图 7-53 所示。

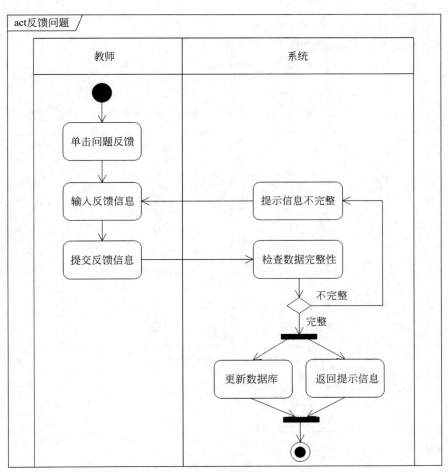

图 7-51　反馈问题用例的活动图

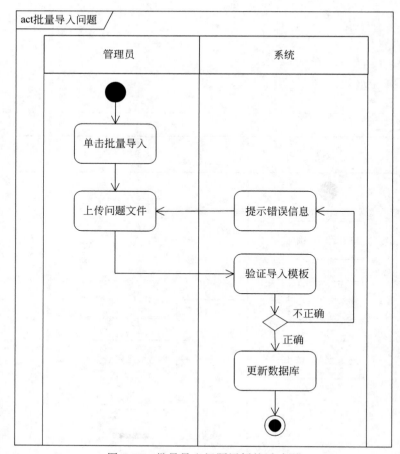

图 7-52   批量导入问题用例的活动图

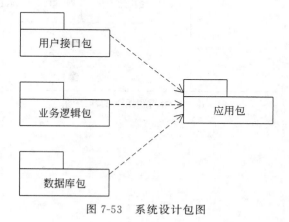

图 7-53   系统设计包图

7.7　习题

一、填空题

1. _____就是从用户的角度获取系统的功能需求,即系统需要完成哪些任务。

2. 用例之间具有_____、扩展关系、包含关系、关联关系,根据需要可以建立用例之间的相应关系。

3. _____是表示一个系统中用例与参与者之间关系的图。

4. _____即对象类建模,作用是描述系统的静态结构,包括构成系统的类和对象、它们的属性和操作,以及它们之间的联系。

5. _____是显示一组类、接口、协作以及它们之间关系的图。一个类图主要通过系统中的类以及各个类之间的关系来描述系统的_____。

6. 类图中涉及了 UML 中最常用的四种关系,即依赖关系、_____、_____和_____。

7. 动态模型包括交互模型和_____。

8. 顺序图与通信图从不同角度描述了系统的行为,_____主要用于着重表现对象间消息传递的时间顺序,而_____主要用于描述对象之间的协作关系。

9. _____是用于表达系统动态特性的图,可以描述一系列具体动态过程的执行逻辑。

10. 面向对象设计模型在逻辑上由 4 部分组成,它们分别是问题域子系统、_____、_____和_____。

二、选择题

1. 通过执行对象的操作改变该对象的属性,但它必须通过(　　)的传递。

　　A. 接口　　　　　　　B. 消息　　　　　　　C. 信息　　　　　　　D. 操作

2. 各对象之间都存在一定的关系,比如人员和雇员之间是继承关系,列车和餐车是聚合关系,读者和借出的书是一般关联关系,下列各对事物之间的关系为(　　)。

小汽车—北京现代牌汽车;班级—学生;书—图书管理员

　　A. 继承、聚合、一般关联　　　　　　　B. 继承、一般关联、继承

　　C. 聚合、一般关联、继承　　　　　　　D. 聚合、继承、一般关联

三、简答题

1. 系统中的参与者一般分为哪几类?

2. 用例之间的包含与扩展关系有哪些区别?

四、综合题

1. 请画出学生选课系统用例图。学生选课系统需求:学生登录进入系统,查询本学期可选课程的清单,并创建自己的选课单,将某些课程加入到选课单中。学生可以对选课单进

行维护,包括加入其他课程、删除已选课程等。学生也可对选课单中包含的数据进行学分政策验证,判断所选课程是否满足学校要求。在规定时间之前,学生可以正式提交选课单,学生也可查看自己的课表。

2. 针对第 1 题学生选课系统用例模型中"查询开设课程"这个用例,画出顺序图。

3. 某新闻中心管理系统中,当系统管理员添加新闻时,顺序图中涉及三个对象,即登录模块、添加新闻模块和数据库模块。请画出管理员添加新闻的顺序图。具体场景如下。

(1)管理员输入用户名和密码进行登录。

(2)登录成功后提交添加新闻的请求。

(3)添加新闻对象提示给登录者输入添加新闻列表。

(4)登录者输入要添加的新闻内容。

(5)添加新闻对象会将输入的内容列表提交给数据库。

(6)数据库添加成功后会返回成功信息。

第 8 章

软件实现

CHAPTER **8**

软件实现是软件工程中继软件设计之后的一个重要环节。经过这个阶段的工作,把整个软件设计结论直接翻译成用某种编程语言书写的程序。不同的编程语言具有不同的特性,要根据具体软件产品的应用领域和需求,选择合适的编程语言。

教学目标:

(1) 理解软件实现的概念、目标、过程和方法;

(2) 了解编程语言的发展历程和主流编程语言;

(3) 理解编程语言的基本机制;

(4) 能够根据待开发系统的应用领域选择适合的编程语言。

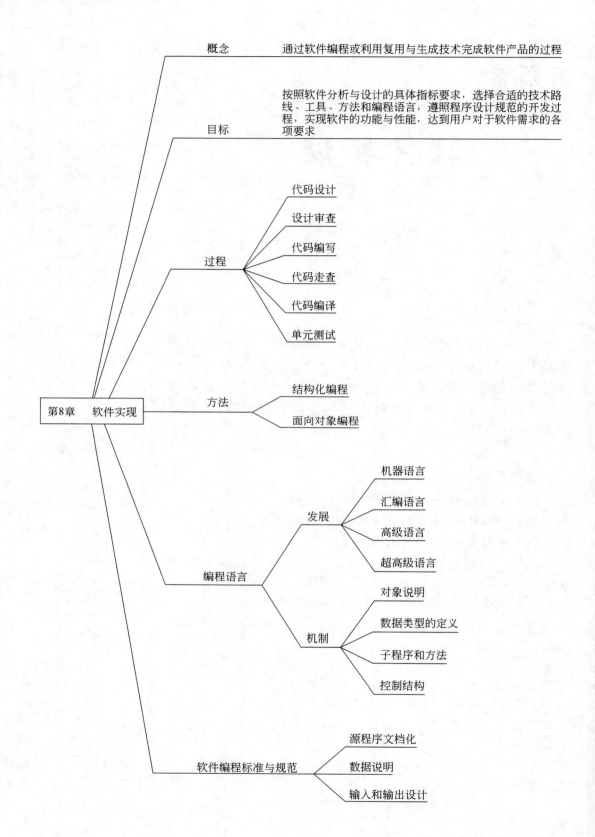

概念　通过软件编程或利用复用与生成技术完成软件产品的过程

目标　按照软件分析与设计的具体指标要求，选择合适的技术路线、工具、方法和编程语言，遵照程序设计规范的开发过程，实现软件的功能与性能，达到用户对于软件需求的各项要求

过程
代码设计
设计审查
代码编写
代码走查
代码编译
单元测试

第8章　软件实现

方法
结构化编程
面向对象编程

编程语言
发展
机器语言
汇编语言
高级语言
超高级语言

机制
对象说明
数据类型的定义
子程序和方法
控制结构

软件编程标准与规范
源程序文档化
数据说明
输入和输出设计

8.1　软件实现概述

1. 软件实现的概念

软件实现是通过软件编程或利用复用与生成技术完成软件产品的过程。通常情况下，软件实现的主要工作就是编程。编程就是编写程序，也就是将软件设计结论翻译成可执行的代码。

2. 软件实现的目标

软件实现的目标是按照软件分析与设计的具体指标要求，选择合适的技术路线、工具、方法和编程语言，遵照程序设计规范的开发过程，实现软件的功能与性能，达到用户对于软件需求的各项要求。

3. 软件实现的过程

软件实现的过程如图 8-1 所示，包括代码设计、设计审查、代码编写、代码走查、代码编译和单元测试基本活动。首先，开发人员需要正确理解用户需求和软件设计模型，补充一些遗漏的详细设计，进一步设计程序代码的结构，并自行检查设计结果；其次，根据软件设计结果和编码规范等编写代码，但是在编译之前应该参照代码检查清单完成代码走查；最后，编译所写的代码并进行调试和改错，完成单元测试工作。

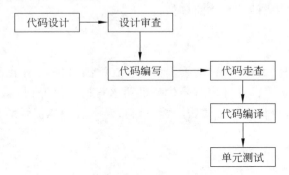

图 8-1　软件实现的过程

4. 软件实现的方法

（1）结构化编程。

结构化编程（Structured Programming，SP）是以模块功能和处理过程为主的软件实现过程。结构化编程的主要特点是自顶向下，逐步求精。结构化编程使用一个树形结构描述自顶向下逐步细化的分解过程，因此，编写的程序层次结构清晰、容易理解和修改。

（2）面向对象编程。

面向对象编程（Object-Oriented Programming，OOP）是以建立模型体现出来的抽象思维过程。面向对象编程以对象为核心，认为程序由一系列对象组成。通过对象机制来封装处理数据,通过继承提高程序可重用性。与 SP 相比,OOP 更易于实现对现实世界的描述。

8.2　编程语言

在软件实现阶段,选用的编程语言的特点也将对程序的可靠性、可读性、可测试性和可维护性产生深远的影响。

8.2.1　编程语言的发展

从计算机问世至今,编程语言一直在不断地演化和发展,其经历了从机器语言到超高级语言的过程。编程语言的发展如图 8-2 所示。

图 8-2　编程语言的发展

1.机器语言

机器语言又称为二进制代码语言,采用“0”和“1”为指令代码来编写程序。计算机可以直接识别机器语言,不需要进行任何翻译。每台机器的指令,其格式和代码所代表的含义都是硬性规定的,故称为“面向机器”的语言或机器语言。它是第一代的计算机语言。机器语言对不同体系结构的计算机来说一般是不同的,由于机器语言有这种“面向机器”的特点,它不能直接在不同体系结构的计算机间移植。

2.汇编语言

汇编语言也是一种“面向机器”的编程语言。在汇编语言中,用助记符代替操作码,用地址符号或标号代替地址码。这样用符号代替机器语言的二进制码,就把机器语言变成了汇编语言,于是汇编语言也称为符号语言。汇编语言是一种功能很强的编程语言,并且比机器语言容易编写和理解。

3.高级语言

机器语言对硬件体系有较强的依赖性,而汇编语言中大量的符号难以记忆。1954 年,第一个完全脱离机器硬件的高级语言——FORTRAN 问世。高级语言接近于数学语言或人的自然语言,同时又不依赖于计算机硬件,编写的程序能在所有机器上通用。

一些高级语言是基于结构化的思想,它们使用数据结构、控制结构等概念体现客观事物的逻辑含义。还有一些高级语言是面向对象的,将客观事物看成具有属性和行为的对象,并可把一组具有相似属性和行为的对象抽象为类。面向对象的高级语言可以更直观地描述客观世界中存在的事物及它们之间的相互关系。

4.超高级语言

超高级语言是第四代语言,它是对数据处理过程和描述的更高级抽象,一般由特定的知识库支持,可以直接实现各种应用系统,如数据库查询语言、描述数据结构的图形语言等。

8.2.2　编程语言的基本机制

软件工程师应该对编程语言的基本机制及其对软件质量的影响有一个全面的了解,旨在便于待开发软件系统选择语言。编程语言的基本机制包括以下几方面。

1.对象说明

预先说明程序中将要使用的常量、变量的名字和类型、过程或函数、定义要使用的类和类的实例等,便于编译程序检查使用方式的合法性,从而帮助程序员发现错误。

2.数据类型的定义

数据类型的定义是一种抽象机制。例如,类就是一个高度抽象的概念,类将数据结构和作用在数据结构上的一组操作封装成一个整体。

3.子程序和方法

子程序是可独立编译的程序单元,包含自己的数据结构和控制结构。在不同的编程语言中,子程序称作子例程、过程或函数。

方法是类的实例对象提供给外界的接口,对象的数据结构必须由该类的方法来修改,其他的操作只有通过该接口才能进行一定权限的访问。消息是对象的方法之间进行通信的基本机制,也是唯一的机制。

4.控制结构

绝大多数的编程语言都允许程序员使用顺序、分支和循环三类结构,甚至许多编程语言的结构编辑器能直接给出它们对应的语法框架。

8.2.3　编程语言简介

编程语言是人机通信的工具之一。使用编程语言"指挥"计算机运行,这必然会影响人的思维方式,也会影响其他人阅读和理解程序。因此,在编码之前,一项重要的工作就是选择一种适当的编程语言。例如,需要开发用于处理复杂数值计算的科学工程系统可以选择C 语言;开发知识库系统、语言识别、模式识别等人工智能领域内的系统可以选择 Python 语言;开发 Web 应用系统可以选择 Java 语言;开发桌面应用系统可以选择 C♯ 语言。

TIOBE 排行榜是根据互联网上有经验的程序员和第三方厂商的数量,并使用搜索引擎统计出的排名数据,可以反映出当前编程语言的热门程度。TIOBE 2024 年 1 月编程语言排行榜如图 8-3 所示。从图 8-3 中可以看出,近两年,Python、C、C++、Java 与 C♯ 语言一直占据编程语言前 5 名的地位。

下面对以上 5 种编程语言做简单的介绍。

1.Python 语言

Python 语言是一种面向对象、解释型编程语言,自 20 世纪 90 年代初 Python 语言诞生

Jan 2024	Jan 2023	Change	Programming Language	Ratings	Change
1	1		Python	13.97%	-2.39%
2	2		C	11.44%	-4.81%
3	3		C++	9.96%	-2.95%
4	4		Java	7.87%	-4.34%
5	5		C#	7.16%	+1.43%
6	7	∧	JavaScript	2.77%	-0.11%
7	10	∧	PHP	1.79%	+0.40%
8	6	∨	Visual Basic	1.60%	-3.04%
9	8	∨	SQL	1.46%	-1.04%
10	20	≪	Scratch	1.44%	+0.86%
11	12	∧	Go	1.38%	+0.23%
12	27	≪	Fortran	1.09%	+0.64%
13	17	≪	Delphi/Object Pascal	1.09%	+0.36%
14	15	∧	MATLAB	0.97%	+0.06%
15	9	≪	Assembly language	0.92%	-0.68%
16	11	≪	Swift	0.89%	-0.31%
17	25	≪	Kotlin	0.85%	+0.37%
18	16	∨	Ruby	0.80%	+0.01%
19	18	∨	Rust	0.79%	+0.18%
20	31	≪	COBOL	0.78%	+0.45%

图 8-3　TIOBE 2024 年 1 月编程语言排行榜

至今,它已被逐渐广泛应用于系统管理任务的处理和 Web 编程。Python 的设计目标之一是让代码具备高度的可读性。它设计时尽量使用其他语言经常使用的标点符号和英文单词,让代码看起来整洁美观。

2. C 语言

C 语言是一种面向过程的、抽象化的通用编程语言,广泛应用于底层开发。C 语言的设计目标是提供一种能以简易的方式编译、处理低级存储器、仅产生少量的机器码以及不需要任何运行环境支持便能运行的编程语言。C 语言提供了许多低级处理的功能,同时也兼具跨平台的特性。

3. C++ 语言

C++ 语言是一种高级编程语言,由 C 语言扩展升级而产生。C++ 语言既可以进行面向对象编程,也可以进行结构化的编程。C++ 语言具有功能强大、面向对象、数据表示丰富、代码运行效率高、可移植性好等特点,适合编写各类应用程序。

4. Java 语言

Java 语言是一门面向对象的编程语言,不仅吸收了 C++ 语言的各种优点,还摒弃了 C++ 语言中难以理解的多继承、指针等概念。Java 语言具有简单易用、面向对象、平台独立与可移植性等特点,可以编写桌面应用程序、Web 应用程序和嵌入式系统应用程序等。

5. C♯ 语言

C♯ 语言是一种由 C 语言和 C++ 语言衍生出来的面向对象的编程语言,不仅去掉了 C++ 语言和 Java 语言中的一些复杂特性,还提供了可视化工具。C♯ 语言具有简单、安全、支持跨平台的特点,可以编写控制台应用程序、桌面应用程序、Web 应用程序和手机应用程序等。

8.3　软件编程标准与规范

1. 软件编程标准

软件工程的目标是在规定的时间和费用内,开发出满足用户需求的、高质量的软件产品。关于开发高质量软件产品的编程标准,不同人看法不尽相同。以下是目前公认的高质量软件产品应达到的标准。

(1) 功能齐全,能够达到用户的使用要求。

(2) 界面友好且易于操作。

(3) 结构简单,容易理解和使用。

(4) 高可靠性和高安全性。

(5) 可重用性强,有利于软件升级。

(6) 兼容性好。

(7) 易于维护。

2. 软件编程规范

软件编程规范有助于编写正确、高效、易读的程序,符合软件设计结果。软件编程规范主要体现在以下几方面。

(1) 源程序文档化。在编写程序过程中,注意标识符命名、代码排版和添加注释等,编写出易阅读、易理解的文档化程序。

(2) 数据说明。为了有利于对数据的理解和维护,数据说明时可以将同一类型的数据编写在同一段落中;当一条语句要声明多个变量时,将变量名按顺序排列。

（3）输入和输出设计。输入操作步骤和输入格式应尽量简单，提示信息要明确；对输入数据的合法性、有效性应进行检查，报告必要的错误信息；交互式输入时，提供明确的输入提示信息；设计必要的输出格式，使输出信息清晰简明。

8.4　应用案例——高校财务问答系统编程实现

通过 7.6 节对高校财务问答系统的分析与设计，使用 Java＋Vue 进行软件实现。下面以后台用户登录为例，描述编程实现过程。

1. 编写登录页面

高校财务问答系统是基于 Vue 搭建的前端框架，登录表单部分代码如下。

```
1   <template>
2   <div class="fillcontain">
3   <div class="login_page">
4   <transition name="form-fade" mode="in-out">
5           <section class="form_contianer" v-show="showLogin">
6               <div class="manage_tip">
7                   <p>财务问答系统</p>
8               </div>
9               <el-form :model="loginForm" :rules="rules" ref="loginForm">
10                  <el-form-item prop="tid" label="教职工号">
11                      <el-input v-model="loginForm.tid" placeholder="教职
    工号"><span>dsfsf</span></el-input>
12                  </el-form-item>
13                  <el-form-item prop="password" label="密码">
14                  <el-input type="password" placeholder="密码" v-model=
    "loginForm.password"></el-input>
15                  </el-form-item>
16                  <el-form-item>
17                  <el-button type="primary" @click="submitForm('loginForm')"
    class="submit_btn">登录</el-button>
18                  </el-form-item>
19              </el-form>
20          </section>
21      </transition>
22      </div>
23          </div>
24  </template>
25  <script>
26      import axios from 'axios'
27      import qs from 'qs'
28      export default {
29          data(){
30              return {
31                  loginForm: {
```

```
32                    tid: '',
33                    password: '',
34                },
35                rules: {
36                    tid: [
37                        { message: '请输入教职工号', trigger: 'blur' },
38                    ],
39                    password: [
40                        { message: '请输入密码', trigger: 'blur' }
41                    ],
42                },
43                showLogin: false,
44            }
45        },
46        mounted(){
47            this.showLogin=true;
48            this.getCookie()
49        },
50        methods: {
51            submitForm(formName){
52            //保存的账号
53          var name=this.loginForm.tid;
54            //保存的密码
55          var pass=this.loginForm.password;
56          if(name=="" || name==null) {
57              alert("请输入正确的用户名");
58            return;
59            } else if(pass=="" || pass==null) {
60                alert("请输入正确的密码");
61            return;
62        }
63  //接口
64  this.$ axios({
65      method:"POST",
66      url:`/admin/loginCheckAdmin`,
67      params:{
68          tid:this.loginForm.tid,
69          password:this.loginForm.password
70      }
71  }).then(res=>{
72      console.log(res)
73      if(res.data.code==200){
74      alert('登录成功！')
75      this.$ router.push('manage')
76      }else{
77          alert('用户名或密码错误,请重新输入！')
78      }
79  })
80      //设置 cookie
81      setCookie(tid, password) {
```

```
82          //字符串拼接 cookie
83          window.document.cookie =
84            "tid" +"=" +tid +";path=/;expires=" ;
85          window.document.cookie =
86            "password" +"=" +password +";path=/;expires=" ;
87        },
88        //读取 cookie
89      getCookie: function() {
90        if(document.cookie.length>0) {
91          var arr=document.cookie.split("; ");
92          for(var i=0; i<arr.length; i++)
93  {
94            var arr2=arr[i].split("=");
95            //判断查找相对应的值
96            if(arr2[0]=="tid")
97  {
98                this.loginForm.tid=arr2[1];
99            }
100  else if(arr2[0]=="password")
101   {
102                this.loginForm.password=arr2[1];
103        }
104      }
105    }
106    },
107    //清除 cookie
108  clearCookie: function()
109  {
110        this.setCookie("", "");
111    }
112  },
113  }
114 </script>
```

后台登录表单如图 8-4 所示。

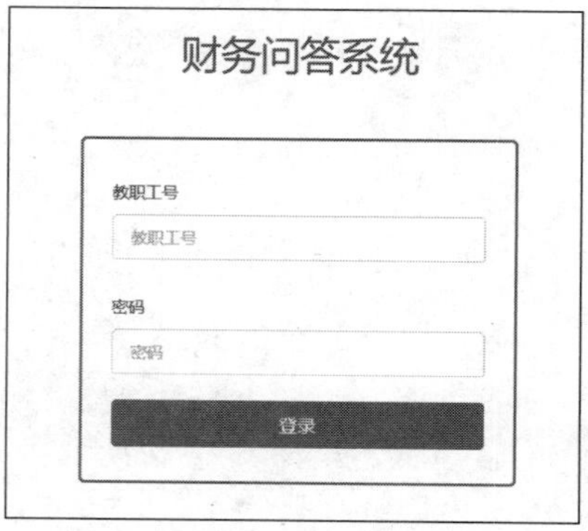

图 8-4　后台登录表单

2. 编写实体类

管理员实体类 Admin 用于封装管理员用户信息,代码如下。

```
1   package com.rust.bean;
2   import com.rust.annotation.NotAuth;
3   import lombok.AllArgsConstructor;
4   import lombok.Data;
5   import lombok.NoArgsConstructor;
6   @Data
7   @NoArgsConstructor
8   @AllArgsConstructor
9   public class Admin
10  {
11  private Integer id;
12  private String username;
13  private String password;
14  private Integer tId;
15  }
```

3. 缩写控制类代码

控制类 AdminController 代码负责接口的规范与方法的调用,代码如下。

```
1   package com.rust.controller;
2   import org.slf4j.MDC;
3   import org.springframework.beans.factory.annotation.Autowired;
4   import org.springframework.stereotype.Controller;
5   import org.springframework.web.bind.annotation.*;
6   import javax.servlet.http.Cookie;
7   import javax.servlet.http.HttpServletRequest;
8   import javax.servlet.http.HttpServletResponse;
9   import java.util.List;
10  import java.util.Map;
11  @CrossOrigin(origins = {"*"})
12  @Controller
13  @RequestMapping("/admin")
14  public class AdminController {
15  @Autowired
16   private AdminService adminService;
17  final static Logger log = LoggerFactory.getLogger(AdminController.class);
18  @NotAuth
19  @GetMapping("/loginCheckAdmin")
20  @ResponseBody              //转 Json 格式
21   public Request loginCheckAdmin(HttpServletRequest request1, HttpServletResponse
    response)
22  {
23  log.debug("控制层");       //日志打印
24  int tId = new Integer(request1.getParameter("tid"))
25  String password = request1.getParameter("password");
```

```
26    Map<String, Object> map = adminService.login(tId, password);
27    if(map.get("ticket")==null){
28    return new Request(403,"账户密码有误",MDC.get(RequestUtil.REQUEST_ID),null);
29    }else{
30    int expiredSeconds=3600 * 12;
31    Cookie cookie = new Cookie("ticket", map.get("ticket").toString());
32    cookie.setPath(request1.getContextPath());
33    cookie.setMaxAge(expiredSeconds);
34    response.addCookie(cookie);
35    }
36    return new Request(200,"登录通过",MDC.get(RequestUtil.REQUEST_ID),"ok");
37    }
```

4. 编写服务类代码

服务类 AdminService 用于实现登录功能，代码如下。

```
1     package com.rust.service;
2     import com.rust.bean.Admin;
3     import com.rust.bean.LoginTicket;
4     import com.rust.bean.User;
5     import com.rust.dao.AdminMapper;
6     import com.rust.dao.LoginTicketMapper;
7     import com.rust.dao.UserMapper;
8     import com.rust.util.CommunityUtil;
9     import org.apache.commons.lang3.StringUtils;
10    import org.springframework.beans.factory.annotation.Autowired;
11    import org.springframework.stereotype.Service;
12    import java.util.Date;
13    import java.util.HashMap;
14    import java.util.List;
15    import java.util.Map;
16    @Service
17    public class AdminService {
18    @Autowired
19    private AdminMapper adminMapper;
20    @Autowired
21    private LoginTicketMapper loginTicketMapper;
22    public Integer loginCheckAdmin(int tId,String password){
23    return adminMapper.loginCheckAdmin(tId,password);
24    }
25    public Map<String,Object>login(int tId, String password){
26    int expiredSeconds=3600 * 12;
27    Map<String,Object>map=new HashMap<>();
28    if(StringUtils.isBlank(password)){
29    map.put("passwordMsg","密码不能为空");
30    return map;
31    }
32    //验证账号
```

```
33  Admin admin=adminMapper.findAdminById(tId);
34  if(admin==null||! password.equals(admin.getPassword())){
35  map.put("error","账户或者密码错误");
36  return map;
37  }
38  //生成登录凭证
39  LoginTicket loginTicket=new LoginTicket();
40  loginTicket.setUserId(admin.getId());
41  loginTicket.setTicket(CommunityUtil.generateUUID());
42  loginTicket.setExpired(new
43  Date(System.currentTimeMillis()+expiredSeconds * 1000));
44  loginTicketMapper.insertLoginTicket(loginTicket);
45  map.put("ticket",loginTicket.getTicket());
46   return map;
47  }
48  }
```

5. 编写数据库访问类

数据库访问类 UserMapper 负责对后台数据库进行操作,代码如下。

```
1  package com.rust.dao;
2  import com.rust.bean.User;
3  import org.apache.ibatis.annotations.Param;
4  import java.util.List;
5  public interface UserMapper
6  {
7    Admin findAdminById(int tId);
8  }
```

🔑 8.5　习题

一、填空题

1. _____是通过软件编程或利用复用与生成技术完成软件产品的过程。
2. _____是以建立模型体现出来的抽象思维过程。
3. 编程语言的发展包括_____、_____、_____和_____。

二、选择题

1. 与选择编程语言无关的因素是(　　)。
   A. 软件开发的方法　　　　　　　　B. 软件执行的环境
   C. 程序设计风格　　　　　　　　　D. 软件开发人员的知识
2. 程序控制一般分为(　　)、分支、循环三种基本结构。

A. 分块　　　　　　B. 顺序　　　　　　C. 循环　　　　　　D. 分支

3. 为了提高易读性,源程序内部应加功能性注释,用于说明(　　)。

A. 模块总的功能　　　　　　　　　B. 程序段或语句的功能

C. 模块参数的用途　　　　　　　　D. 数据的用途

三、简答题

1. 简述软件实现的过程。

2. 试比较主流编程语言的优缺点。

第 9 章

软 件 测 试

软件测试是软件质量保证的关键阶段。在软件产品正式投入使用之前,软件测试人员需要保证软件产品正确地实现了用户的功能需求,并满足稳定性、安全性等方面的性能需求。因此,软件测试的目的是发现软件产品中存在的软件缺陷,进而保证软件产品的质量。

教学目标:

(1)掌握软件测试的基本概念和测试原则;

(2)掌握等价类划分法,熟悉黑盒测试的其他方法;

(3)掌握逻辑覆盖法,熟悉白盒测试的其他方法;

(4)掌握软件测试的一般步骤,以及每个阶段性测试的目的;

(5)能够为小型软件项目设计测试用例。

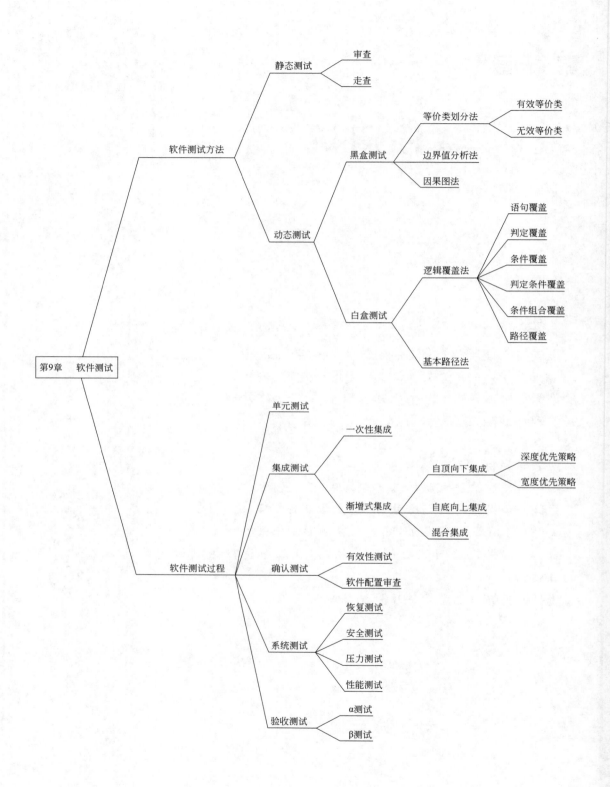

9.1　软件测试概述

1. 软件测试概念

软件测试具有广义和狭义的理解形式。广义的软件测试是指在软件生命周期内,所有的检查、评审、验证和确认活动,如需求评审、功能验证等;狭义的软件测试则是指对软件的检查和评价,检查软件的功能、性能是否符合需求,评价软件的可靠性和安全性。

2. 软件测试中的术语

(1) 错误。开发人员在软件开发的过程中,通常将某些信息以不正确的形式表示出来或误解用户需求,这些称为错误。例如,需求分析人员对一个软件功能需求的理解错误。

(2) 缺陷。缺陷可以导致软件不能正常运行。当开发人员在开发过程中出现错误以后,就会在软件中引入一个或多个缺陷。例如,合法用户登录后不能跳转到主页面。

(3) 故障。故障是指软件没有按照需求规格说明运行,从而引起软件行为与用户需求不一致的现象。故障可能发生在测试阶段,也可能发生在软件交付之后的运行阶段。

(4) 测试用例。测试用例是在软件测试的过程中,为了检查程序功能和性能是否符合设计要求,由测试人员设计的一组测试序列和数据的集合。测试用例通常包括测试的操作序列、输入数据和预期输出 3 部分。

3. 软件测试对象

软件测试并不等于程序测试,软件测试应贯穿于软件定义与开发的整个期间。因此,需求分析、设计、实现等各阶段所得到的文档都应成为软件测试的对象。

4. 软件测试原则

软件测试的主要任务是根据软件开发各阶段的文档资料和程序的内部结构,设计测试用例,以发现软件系统中不同类型的错误。在进行软件测试的过程中,需要掌握以下 5 方面的原则。

(1) 完全测试是不可能的。

基于时间、人员、资金等方面的限制,不可能对软件产品进行完全的测试,即不可能考虑或测试到软件产品的所有执行情况或路径。

(2) 软件产品中所存在的缺陷与已发现的缺陷数成正比。

软件测试所发现的缺陷越多,说明软件产品中存在的缺陷越多。一般情况下,潜在的缺陷数与发现的缺陷数存在着正比关系。

(3) 80/20 原则。

在软件测试工作中,存在着二八定律,即 80% 的缺陷会集中存在于 20% 的代码中。为了提高测试的工作效率,应该将测试的重点放在缺陷聚集出现的软件模块中。

(4) 测试工作应该尽早开始,并且贯穿于整个开发过程中。

测试工作开始得越早,在软件开发过程中出现的软件缺陷就能被及早发现和纠正。一般来说,越到软件开发的后期,纠正同一软件缺陷所付出的代价就会越大。

（5）长期保留测试用例。

测试不是一次完成的,在测试出缺陷并修复后,需要继续测试。同时,在以后的维护阶段仍然需要测试,因此,测试用例文档必须长期保存。

🔑 9.2　软件测试方法

软件测试方法一般分为静态测试与动态测试。动态测试又根据测试用例的设计方法不同,分为黑盒测试与白盒测试两类。

9.2.1　静态测试

静态测试以人工测试为主,通过测试人员认真阅读文档和代码,仔细分析其正确性和一致性,从而找出软件产品中的错误或缺陷。静态测试的常用方法包括审查和走查。

（1）审查。

审查是指通过阅读并讨论各种设计文档以及程序代码,检查其是否有错。审查的工作可以独自进行,也可以通过会议的形式将相关的人员召集起来共同发现并纠正错误。

（2）走查。

走查的对象只是代码,不包括设计文档。代码走查以小组会议的形式进行,相关测试人员提供所需的测试用例,参会人员查看程序的执行过程,对其逻辑和功能提出各种疑问,并通过讨论发现问题。

9.2.2　动态测试

动态测试与静态测试相反,主要是设计一组输入数据,然后通过运行程序来发现错误。一种方法是了解了软件产品的功能,通过构造测试用例来证实所有的功能是完全可执行的;另一种方法是知道软件产品的内部结构及处理过程,通过构造测试用例对所有的结构都进行测试。前一种方法称为黑盒测试,后一种方法称为白盒测试。

1. 黑盒测试

黑盒测试也称为功能测试,它是在已知产品所具有的功能的前提下,通过测试来检测每个功能是否能正常使用。在测试时,把测试对象看作一个不能打开的黑盒子,在完全不考虑程序内部结构和内部特性的情况下,测试者在程序接口进行测试,只检查程序功能是否能够按照规格说明书的规定正常使用,程序是否能够适当地接收输入数据而产生正确的输出信息,并且保持外部信息的完整性。

2. 白盒测试

白盒测试也称为结构测试,它是在知道产品内部工作过程的前提下,通过测试来检测产品内部动作是否按照规格说明书的规定正常进行。在测试时,把测试对象看作一个打开的盒子,测试人员依据程序内部逻辑结构的相关信息,设计测试用例,对程序所有逻辑路径进行测试,通常在不同点检查程序的状态,来确定实际的状态是否与预期的状态一致。

3.黑盒测试与白盒测试比较

黑盒测试和白盒测试是两种软件测试方法,所有的软件测试活动基本上都可以划分到这两种测试方法中。表 9-1 给出了两种方法的基本比较。

表 9-1 黑盒测试与白盒测试比较

项　目	黑 盒 测 试	白 盒 测 试
测试对象	不涉及程序结构	考查程序逻辑结构
测试基础	基于软件规格说明书设计测试用例	基于程序结构信息设计测试用例
适用对象	可适用于从单元测试到系统测试	主要用于单元测试和集成测试
测试范围	某些代码段得不到测试	对所有逻辑路径进行测试

一般在软件测试的过程中,宏观上采用黑盒测试,微观上采用白盒测试。大的功能模块采用黑盒测试,小的构件采用白盒测试。黑盒测试和白盒测试各有侧重点,不能相互取代,在实际测试活动中,这两种测试方法是不能够完全分开的。通常在白盒测试中交叉着黑盒测试,黑盒测试中交叉着白盒测试。

🔑 9.3 黑盒测试技术

使用黑盒测试方法,测试人员所能使用的唯一信息就是软件的规格说明。黑盒测试着眼于程序外部结构,不考虑内部逻辑结构。

常用的黑盒测试方法有等价类划分法、边界值分析法和因果图法。每种方法各有所长,测试人员应针对测试程序的特点,选择合适的测试方法。

9.3.1 等价类划分法

等价类划分法是一种典型的黑盒测试方法,它把所有可能的输入数据即程序的输入域,划分为若干个互不相交的子集,这些子集被称为等价类,然后从每个等价类中选取少数具有代表性的数据作为测试用例进行测试。

1.划分等价类

等价类是指某个输入域的子集合。在子集合中,各个输入数据对于揭露程序中的错误都是等效的,并合理地假定测试某等价类的代表值就等于对这一类其他值的测试。因此,可以把全部输入数据合理划分为若干等价类,在每一个等价类中取一个数据作为测试的输入条件,就可以用少量具有代表性的测试数据取得较好的测试结果。等价类分为有效等价类和无效等价类。

(1)有效等价类。

有效等价类是指对于程序的规格说明来说是合理的,有意义的输入数据构成的集合。

利用有效等价类可以检验程序是否实现了规格说明中所预先规定的功能和性能。对于具体的问题,有效等价类可以是一个,也可以是多个。

（2）无效等价类。

无效等价类是指不符合程序规格说明、不合理或无意义的输入数据所构成的集合。利用无效等价类可以检查软件功能和性能的实现是否有不符合规格说明要求的地方。对于具体的问题,无效等价类至少应有一个,也可能有多个。

设计测试用例时,要同时考虑这两种等价类。因为软件不仅要能接收合理的数据,也要能够处理不合理数据,这样的测试才能确保软件具有更高的可靠性。

2. 等价类划分原则

如何确定等价类,是使用等价类划分法的一个重要问题。下面给出划分等价类的常用原则。

（1）在输入条件规定了取值范围或值的个数的情况下,则可以确立一个有效等价类和两个无效等价类。

（2）在输入条件规定了输入值的集合或者规定了"必须如何"的条件的情况下,可确立一个有效等价类和一个无效等价类。

（3）在输入条件是一个布尔表达式的情况下,可确定一个有效等价类和一个无效等价类。

（4）在规定了输入数据的一组值,假定 n 个,并且程序要对每一个输入值分别处理的情况下,可确定 n 个有效等价类和一个无效等价类。

（5）在规定了输入数据必须遵守的规则的情况下,可确立一个符合规则的有效等价类和从不同角度违反规则的若干个无效等价类。

（6）在确知已划分的等价类中各元素在程序处理中的方式不同的情况下,则应再将该等价类进一步划分为更小的等价类。

3. 测试用例设计

在设计测试用例时,应该同时考虑有效等价类和无效等价类测试用例的设计。根据如表 9-2 所示的等价类表设计测试用例,具体步骤如下。

表 9-2　等价类表

输 入 条 件	有效等价类	无效等价类
…	…	…
…	…	…

（1）为每一个等价类规定一个唯一的编号。

（2）设计一个新的测试用例,使其尽可能多地覆盖尚未被覆盖的有效等价类,重复这一步骤,直到所有的有效等价类都被覆盖为止。

（3）设计一个新的测试用例,使其仅覆盖一个尚未被覆盖的无效等价类,重复这一步骤,直到所有的无效等价类都被覆盖为止。

每次只覆盖一个无效等价类是因为一个测试用例若覆盖多个无效等价类,那么某些无效等价类可能永远不会被检测到,因为第一个无效等价类的测试可能会屏蔽或终止其他无效等价类的测试执行。

【例 9-1】 某程序中电话号码由三部分组成,这三部分的名称和内容规定为地区码空白或 3 位数字,前缀为非"0"或"1"开头的 3 位数字,后缀为 4 位数字。假设被测程序能接受一切符合上述规定的电话号码,拒绝所有不符合规定的电话号码,试用等价类划分法设计它的测试用例。

第 1 步:确定等价类,建立等价类表,如表 9-3 所示。

表 9-3 例 9-1 等价类表

输 入 条 件	有效等价类	无效等价类
地区码	(1) 空白 (2) 3 位数字	(5) 有非数字字符 (6) 少于 3 位数字 (7) 多于 3 位数字
前缀	(3) 从 200~999 的 3 位数字	(8) 有非数字字符 (9) 起始位为 0 (10) 起始位为 1 (11) 少于 3 位数字 (12) 多于 3 位数字
后缀	(4) 4 位数字	(13) 有非数字字符 (14) 少于 4 位数字 (15) 多于 4 位数字

第 2 步:设计测试用例,覆盖所有的有效等价类,如表 9-4 所示。

表 9-4 覆盖有效等价类测试用例表

序　号	测 试 数 据	覆盖的有效等价类
1	( )-276-2345	(1)、(3)、(4)
2	222-321-4567	(2)、(3)、(4)

第 3 步:设计测试用例,覆盖所有的无效等价类,如表 9-5 所示。

表 9-5 覆盖无效等价类测试用例表

序号	测试数据	覆盖的无效等价类	序号	测试数据	覆盖的无效等价类
1	20＃-321-4567	(5)	7	635-23-4567	(11)
2	22-321-4567	(6)	8	635-1234-4567	(12)
3	5555-321-4567	(7)	9	635-321-＃567	(13)
4	635-＃23-4567	(8)	10	635-321-456	(14)
5	635-023-4567	(9)	11	635-321-45678	(15)
6	635-123-4567	(10)			

9.3.2　边界值分析法

由于大量的错误往往发生在输入和输出范围的边界上,而不是范围的内部。因此,针对边界情况设计测试用例,能够更有效地发现错误。

边界值分析法是等价类划分法的一种有效补充,它不是选择等价类中的任意元素,而是选择等价类边界的元素。

通常情况下,软件测试所包含的边界检验有以下类型:数值、字符、位置、速度、尺寸、空间等。相应地,以上类型的边界值应该在最小/最大、首位/末位、上/下、最慢/最快、最短/最长、空/满等情况,如数组的最小值元素和最大值元素。

边界值分析法选择测试用例的基本原则如下。

(1) 如果输入条件规定了取值范围,则可以选取正好等于该范围边界的值以及刚刚超过该范围边界的值作为测试用例。例如,某程序对重量在 5 千克至 50 千克范围内的邮件,计算其邮费,则可取 4.9、5、5.1、49.9、50、50.1 作为测试用例。

(2) 如果输入条件规定了输入值的个数,则用最大个数、最小个数、比最小个数少 1、比最大个数多 1 的数据作为测试用例。例如,某程序对一个输入文件进行处理操作,要求输入的文件应包括 1~55 条记录,则可选取包含 1 条记录、包含 55 条记录、包含 0 条记录、包含 56 条记录的输入文件分别作为测试用例。

通常,设计测试用例时总是联合使用等价类划分法和边界值分析法两种技术。例如,为了测试例 9-1 的程序,除了 9.3.1 节已经用等价类划分法设计出的测试用例外,还应该使用边界值分析法再补充下述测试用例,如表 9-6 所示。

表 9-6　边界值分析法测试用例表

序　　号	测 试 数 据	覆盖的有效等价类
1	222-200-2345	(2)、(3)、(4)
2	222-201-2345	(2)、(3)、(4)
3	222-998-2345	(2)、(3)、(4)
4	222-999-2345	(2)、(3)、(4)

9.3.3　因果图法

前面介绍的等价类划分法和边界值分析法都是着重考虑输入条件,但未考虑输入条件之间的联系。如果考虑输入条件之间的相互组合,可能会产生一些新的情况。

1. 因果图

因果图是一种形式化语言,是一种组合逻辑网络图。它是把输入条件视为"因",把输出条件视为"果",将黑盒看成是从因到果的网络图,采用逻辑图的形式来表达需求规格说明中输入条件的各种组合与输出的关系。根据这种关系设计出更高效的测试用例。

因果图中使用了简单的逻辑符号,以直线连接左右节点。左节点表示输入状态或称原因,右节点表示输出状态或称结果。因果图中用 4 种符号分别表示规格说明中的 4 种因果关系。因果图的 4 种关系符号如图 9-1 所示,其中 C_i 表示原因,通常位于图的左部。E_i 表示结果,通常位于图的右部。两者都可取值 0 或 1,0 表示该状态不出现,1 表示该状态出现。

(1) 恒等: 若 C_1 是 1,则 E_1 也是 1,否则 E_1 为 0。

(2) 非: 若 C_1 是 1,则 E_1 是 0,否则 E_1 为 1。

(3) 或: 若 C_1 或 C_2 是 1,则 E_1 为 1,否则 E_1 为 0。

(4) 与: 若 C_1 和 C_2 都是 1,则 E_1 也是 1,否则 E_1 为 0。

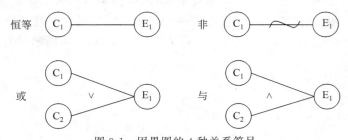

图 9-1　因果图的 4 种关系符号

2. 利用因果图生成测试用例的基本步骤

(1) 分析因果。从规格说明中找出哪些是原因,哪些是结果,并为每个原因、结果赋予一个标识。原因一般是输入条件,结果一般是输出条件或系统的变换。

(2) 画出因果图。分析规格说明语义、内容,找出原因与结果之间,原因与原因之间的对应关系,画出因果图,并加上必要的限制。

(3) 转换为判断表。将因果图转换为有限项判断表。

(4) 设计测试用例。将判断表的每一列,转换为一个测试用例。

在实际问题中,输入状态之间还可能存在某些依赖关系,被称为约束。例如,某些输入条件不可能同时出现,而这些关系,对测试来说是非常重要的。多个输出之间也可能有强制的约束关系。在因果图中,用特定的符号标明这些约束。约束关系符号如图 9-2 所示。

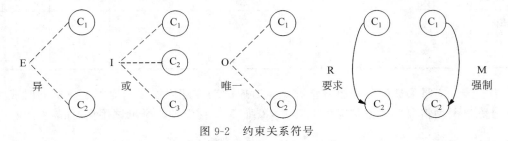

图 9-2　约束关系符号

【例 9-2】　某程序功能为根据输入的文件名修改相应的文件。文件名第一个字符必须是字母 A 或 B,第二个字符必须是数字。若输入的文件名满足条件,则执行文件修改操作;若输入的文件名第一个字符不正确,则给出提示信息 N;若输入的文件名第二个字符不正确,则给出提示信息 M。使用因果图法设计测试用例。

第 1 步:分析程序的规格说明,找出所有输入条件("原因"节点)和所有输出结果("结果"节点),得出对应的因果关系表如表 9-7 所示。

表 9-7　因果关系表

输入条件(原因)	输出结果(结果)
C_1：第一个字符是 A	E_1：修改文件
C_2：第一个字符是 B	E_2：给出提示信息 N
C_3：第二个字符是数字	E_3：给出提示信息 M

第 2 步：使用恒等、与、或、非 4 种对应关系，画出因果图。因果关系图如图 9-3 所示。其中节点 H 是为了导出最终结果而引入的一个中间节点，它的含义表示第一个字符是否满足条件。"E 约束"表示 C_1 与 C_2 之间是互斥关系，即 C_1 与 C_2 不能同时为 1。

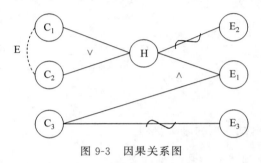

图 9-3　因果关系图

第 3 步：将因果图转换成判定表，如表 9-8 所示。

表 9-8　判定表

原因	组合情况产生对应的动作							
	1	2	3	4	5	6	7	8
C_1	1	1	1	1	0	0	0	0
C_2	1	1	0	0	1	1	0	0
C_3	1	0	1	0	1	0	1	0
H			1	1	1	1	0	0
E_1			1	0	1	0	0	0
E_2			0	0	0	0	1	1
E_3			0	1	0	1	0	1

第 4 步：按照条件的各种组合情况产生对应的动作。原因 1 和原因 2 不能同时成立，故可排除这两种情况。根据判定表中第 3~8 列，每一列设计一个测试用例，如表 9-9 所示。

表 9-9　测试用例表

判定表中的列号	输入文件名	预期输出结果
3	A3	修改文件
4	A!	给出提示信息 M
5	B6	修改文件

续表

判定表中的列号	输入文件名	预期输出结果
6	B%	给出提示信息 M
7	G9	给出提示信息 N
8	K@	给出提示信息 N 和 M

🔑 9.4　白盒测试技术

在使用白盒方法测试时,测试人员可以看到被测试程序,并利用其分析程序的内部构造。因此,白盒测试要求对被测试程序的结构特性做到一定程度的覆盖,并以软件中的某类成分是否都已经得到测试为准则来判断软件测试的充分性,因此,白盒测试技术也称为基于覆盖的测试技术。白盒测试法的覆盖标准有逻辑覆盖法和基本路径法。

9.4.1　逻辑覆盖法

逻辑覆盖法是最常用的一类白盒测试方法,以程序内部逻辑结构为基础,通过对程序逻辑结构遍历实现程序测试的覆盖。逻辑覆盖法是一系列测试过程的总称,这组测试过程对程序逐渐进行越来越完整的通路测试。从覆盖源程序语句的详尽程度分类,逻辑覆盖法可以分为语句覆盖、判定覆盖、条件覆盖、判定条件覆盖、条件组合覆盖和路径覆盖。

【例 9-3】　对下列 C♯语言描述程序进行测试。

```
1    public static double example(double A,double B,double X)
2    {
3      if(A>1&&B==0)
4      {
5        X=X / A;
6      }
7      if(A==2||X>1)
8      {
9        X=X +1;
10     }
11     return X;
12   }
```

该程序接收 A、B、X 的值,经过相应计算,把结果 X 的值返回给调用程序。程序流程图如图 9-4 所示。从流程图中可以看到,该程序有两个判定条件。根据程序的不同执行流程,该程序共有 4 条可执行路径。

（1）路径 ab：执行该路径的条件是 a 为假且 b 为假时,记为 R_1。

（2）路径 acb：执行该路径的条件是 a 为真且 b 为假时,记为 R_2。

（3）路径 abd：执行该路径的条件是 a 为假且 b 为真时,记为 R_3。

（4）路径 acbd：执行该路径的条件是 a 为真且 b 为真时,记为 R_4。

下面分别用语句覆盖、判定覆盖、条件覆盖、判定条件覆盖、条件组合覆盖和路径覆盖等

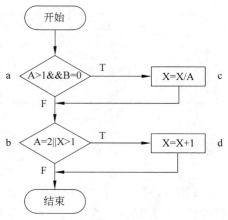

图 9-4 例 9-3 程序流程图

标准,设计满足要求的测试用例。

1. 语句覆盖

语句覆盖是指程序中每个可执行语句至少执行一次。

为使例 9-3 中每条语句都执行一次,执行路径 R_4 即可。根据路径 R_4 的执行条件可知,当测试数据满足条件"A=2 并且 B=0"或"A>1 并且 B=0 并且 X>A"时,程序就会按路径 R_4 执行。满足语句覆盖标准的测试用例如表 9-10 所示。

表 9-10 满足语句覆盖标准的测试用例

序号	测试数据	判定 a	判定 b	执行路径
1	A=2,B=0,X=4	真	真	R_4

2. 判定覆盖

判定覆盖也被称为分支覆盖,是指程序中每个判定的取真分支和取假分支至少执行一次。

在例 9-3 中,使每个分支都执行一次,只需执行路径 R_2 和 R_3,或者执行路径 R_1 和 R_4。这里选择路径 R_2 和 R_3 进行测试,根据这两条路径的执行条件,设计满足判定覆盖标准的测试用例如表 9-11 所示。

表 9-11 满足判定覆盖标准的测试用例

序号	测试数据	判定 a	判定 b	执行路径
1	A=3,B=0,X=3	真	假	R_2
2	A=2,B=1,X=3	假	真	R_3

因为判定覆盖要求每个判定的每个分支都至少执行一次,所以,程序中的所有语句也必定都至少执行一次。因此满足判定覆盖标准的测试用例也一定满足语句覆盖标准。

3. 条件覆盖

条件覆盖是指程序中每个判定包含的每个条件的可能取值(真/假)都至少满足一次。

例 9-3 中,判定 a 中包含的各种条件的所有可能包括 A>1,A≤1,B=0,B≠0。判定 b 中各种条件的所有可能包括 A=2,A≠2,X>1(或当判定 a 为真时 X>A),X≤1(或当判定 a 为真时 X≤A)。选择适当的测试用例,可以覆盖上述条件的所有可能结果。满足条件覆盖标准的测试用例如表 9-12 所示。

表 9-12 满足条件覆盖标准的测试用例

序 号	测 试 数 据	覆盖的条件	执 行 路 径
1	A=1,B=0,X=1	a 为假,b 为假	R₁
2	A=2,B=1,X=3	a 为假,b 为真	R₃

由于每个条件都至少有"真"和"假"两个结果,所以满足条件覆盖的测试用例也至少有两个。条件覆盖中,虽然每个条件的所有可能结果都出现过,但判定表达式的某种可能的结果可能并未出现。如表 9-12 中的测试用例满足条件覆盖标准,但是对判定 a 而言,判定结果为"真"的分支并没有执行覆盖。

4. 判定条件覆盖

判定条件覆盖是指程序中每个判定条件真假值分支都至少被执行一次,并且每个判定条件的内部判定式的真假值也要被执行一次。判定条件覆盖是一种能同时满足判定覆盖和条件覆盖的逻辑覆盖。

满足判定条件覆盖标准的测试用例一定也满足语句覆盖、判定覆盖和条件覆盖。在设计满足判定条件覆盖标准的测试用例时,如果在考虑判定覆盖的同时考虑条件覆盖,就可能得到满足判定条件覆盖标准的最少的测试用例。

在例 9-3 中满足判定条件覆盖标准的测试用例如表 9-13 所示。选择 R₁ 和 R₄ 两条路径进行测试,包含了 4 个内部判定条件。测试用例 1 满足条件包括 A>1,B=0,A=2,X>1 或当判定 a 为真时 X>A,即 4 个内部判定条件均为"真"。测试用例 2 满足条件包括 A≤1,B≠0,A≠2,X≤1,即 4 个内部判定条件均为"假"。此时,用最少的测试用例满足了判定条件覆盖标准。

表 9-13 满足判定条件覆盖标准的测试用例

序号	测 试 数 据	覆盖的条件	判定 a	判定 b	执行路径
1	A=1,B=1,X=1	A≤1,B≠0 A≠2,X≤1	假	假	R₁
2	A=2,B=0,X=4	A>1,B=0 A=2,X>A	真	真	R₄

5. 条件组合覆盖

条件组合覆盖是指程序中每个判定条件的内部判断式的各种真假组合可能都至少被执

行一次。

例 9-3 判定 a 中的内部判定条件的所有可能组合有 4 种情况。

（a1）A>1,B=0　（a2）A>1,B≠0　（a3）A≤1,B=0　（a4）A≤1,B≠0

判定 b 中的内部判定条件的所有可能组合有 4 种情况。

（b1）A=2,X>1(或当判定 a 为真时,X>A)

（b2）A=2,X≤1(或当判定 a 为真时,X≤A)

（b3）A≠2,X>1(或当判定 a 为真时,X>A)

（b4）A≠2,X≤1(或当判定 a 为真时,X≤A)

满足条件组合覆盖标准的测试用例如表 9-14 所示。

表 9-14　满足条件组合覆盖标准的测试用例

序号	测试数据	覆盖的条件	判定 a	判定 b	执行路径
1	A=1,B=1,X=1	（a4）A≤1,B≠0 （b4）A≠2,X≤1	假	假	R_1
2	A=2,B=1,X=1	（a2）A>1,B≠0 （b2）A=2,X≤1	假	真	R_3
3	A=1,B=0,X=6	（a3）A≤1,B=0 （b3）A≠2,X>1	假	真	R_3
4	A=2,B=0,X=4	（a1）A>1,B=0 （b1）A=2,X>A	真	真	R_4

条件组合覆盖是上述 5 种覆盖标准中最强的一种,满足条件组合覆盖标准的测试用例一定也满足语句覆盖、判定覆盖、条件覆盖、判定条件覆盖标准。但是,条件组合覆盖不一定能够保证程序中所有可能的路径都被覆盖,如表 9-14 中的测试用例就没有覆盖路径 R_2。

6. 路径覆盖

路径覆盖也是白盒测试最为典型的问题。路径覆盖是指能够覆盖程序中所有的可能路径。

例 9-3 中所有可能执行的路径包括 R_1、R_2、R_3 和 R_4。满足路径覆盖标准的测试用例如表 9-15 所示。

表 9-15　满足路径覆盖标准的测试用例

序号	测试数据	覆盖的条件	判定 a	判定 b	执行路径
1	A=1,B=1,X=1	（a4）A≤1,B≠0 （b4）A≠2,X≤1	假	假	R_1
2	A=3,B=0,X=0	（a3）A>1,B=0 （b4）A≠2,X≤1	真	假	R_2
3	A=2,B=1,X=1	（a2）A>1,B≠0 （b2）A=2,X≤1	假	真	R_3
4	A=2,B=0,X=4	（a1）A>1,B=0 （b1）A=2,X>A	真	真	R_4

　　路径覆盖考虑了程序中各种判定结果的所有可能组合,但不一定能够覆盖判定中条件结果的各种可能情况。如表 9-15 中的测试用例就没有覆盖判定 b 中的第 3 种情况,即(b3) A≠2,X>1(或当判定 a 为真时,X>A)。因此,路径覆盖是一种比较强的覆盖标准,但不能替代条件覆盖、判定条件覆盖和条件组合覆盖。

　　表 9-16 列出了 6 种覆盖标准的对比。

表 9-16　6 种覆盖标准的对比

发现错误能力	覆 盖 标 准	要　　　求
弱 ↓ 强	语句覆盖	每条语句至少执行一次
	判定覆盖	每个判定的每个分支至少执行一次
	条件覆盖	每个判定包含的每个条件的可能取值都至少满足一次
	判定条件覆盖	同时满足判定覆盖和条件覆盖
	条件组合覆盖	每个判定中各条件的每一种组合至少执行一次
	路径覆盖	使程序中每一条可能的路径至少执行一次

　　在前 5 种测试技术中,都是针对单个判定或判定的各个条件值上,其中条件组合覆盖发现错误能力最强,凡满足其标准的测试用例,也必然满足前 4 种覆盖标准。

　　路径覆盖则根据各判定表达式取值的组合,使程序沿着不同的路径执行,查错能力强。但由于它是从各判定的整个组合发出设计测试用例的,可能使测试用例达不到条件组合的要求。在实际的逻辑覆盖测试中,一般以条件组合覆盖为主设计测试用例,然后再补充部分用例,以达到路径覆盖测试标准。

9.4.2　基本路径法

　　例 9-3 只有 4 条路径。但在实际问题中,一个不太复杂的程序路径都是一个庞大的数字。将覆盖的路径数压缩到一定的限度内可简化测试,如循环体只执行一次。基本路径测试就是在流程图的基础上,通过分析导出基本路径集合,从而设计测试用例,保证这些路径至少通过一次。

　　设计基本路径测试的步骤如下。

　　(1) 以详细设计或源程序为基础,导出程序流程图的拓扑结构——程序图。程序图是简化了的流程图,它是反映程序流程的有向图,其中小圆圈称为节点,代表了流程图中每个处理符号(矩形框、菱形框);带箭头的连线表示控制流向,称为程序图中的边或路径。流程图和程序图,如图 9-5 所示,图 9-5(a)是一个流程图,可以将它转换成图 9-5(b)所示的程序图。

　　(2) 计算程序图 G 的环路复杂性 V(G),具体方法有以下三种。

　　① 程序图中区域的数量对应于环路和的复杂度。区域个数为边和节点圈定的封闭区域数加上图形外的区域数 1。例如,图 9-5(b)的 V(G)=4。

　　② V(G)=E−N+2,其中 E 是程序图中边的数量,N 是程序图中节点的数量。例如,图 9-5(b)的 V(G)=11−9+2=4。

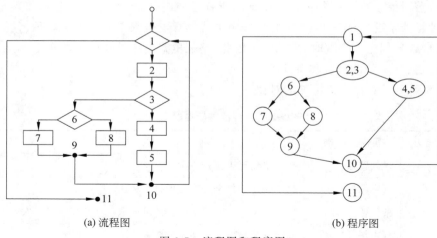

(a) 流程图   (b) 程序图

图 9-5   流程图和程序图

③ V(G)＝P＋1,其中 P 是程序图中判定节点的数量。例如,图 9-5(b)的 V(G)＝3＋1 ＝4。

(3) 确定只包含独立路径的基本路径集。环路复杂性可导出程序基本路径集合中的独立路径条数,这是确保程序中每个执行语句至少执行一次所必需的测试用例数目的上界。独立路径是指包括一组以前没有处理的语句或条件的一条路径。从程序图来看,一条独立路径至少包含一条在其他路径中未有过的边的路径,例如,在如图 9-5(b)所示的程序图中,一组独立的路径如下。

路径 1:1—11;

路径 2:1—2—3—4—5—10—1—11;

路径 3:1—2—3—6—8—9—10—1—11;

路径 4:1—2—3—6—7—9—10—1—11。

从例 9-3 中可知,一条新的路径必须包含有一条新边。这 4 条路径组成了如图 9-5(b) 所示的程序图的一个基本路径集,4 是构成这个基本路径集的独立路径数的上界,这也是设计测试用例的数目。只要测试用例确保这些基本路径的执行,就可以使程序中每个可执行语句至少执行一次,每个条件的取"真"和取"假"分支也能得到测试。基本路径集不是唯一的,对于给定的程序图,可以得到不同的基本路径集。

(4) 设计测试用例,确保基本路径集合中每条路径的执行。

下面以一个具体的实例,讲解使用基本路径法设计测试用例的方法。

【例 9-4】 对于下面的程序,假设输入的取值范围是 1000＜year＜2001,使用基本路径法为变量 year 设计测试用例,以满足基本路径覆盖的要求。

```
1    int example(int year)
2    {
3      int re;
4      if(year % 4==0)
5      {
6        if(year % 100==0)
```

```
7          {
8              if(year % 400==0)
9          {
10             re=1;
11         }
12         else
13         {
14             re=0;
15         }
16    }
17    else
18    {
19        re=1;
20    }
21 }
22 else
23 {
24    re=0;
25 }
26 return re;
27 }
```

（1）根据源代码绘制程序图。程序图如图 9-6 所示。

（2）通过程序图，计算环路复杂度 $V(G) = E - N + 2 = 10 - 8 + 2 = 4$。

（3）确定基本路径集。

路径 1：1—3—8。

路径 2：1—2—5—8。

路径 3：1—2—4—7—8。

路径 4：1—2—4—6—8。

（4）设计测试用例如下。

路径 1：输入数据：year=1999，预期结果：re=0。

路径 2：输入数据：year=1996，预期结果：re=1。

路径 3：输入数据：year=1800，预期结果：re=0。

路径 4：输入数据：year=1600，预期结果：re=1。

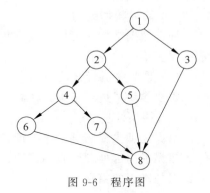

图 9-6　程序图

9.5　软件测试过程

软件项目一旦开始，软件测试也随之开始。软件测试过程如图 9-7 所示。

从图 9-7 中可以看出，软件测试由一系列不同的阶段组成，即单元测试、集成测试、确认测试、系统测试和验收测试。软件开发是一个自顶向下逐步细化的过程，软件测试则是自底向上逐步集成的过程。低一级的测试为上一级的测试准备条件。

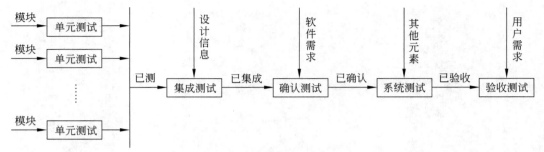

图 9-7　软件测试过程

9.5.1　单元测试

单元测试是集成测试的基础。单元测试是对软件中的基本组成单位,如一个类、类中的一个方法、一个模块等进行测试的活动。由于必须了解程序内部设计和编码的细节,所以单元测试一般由软件开发人员而非测试人员完成。

1. 测试内容

单元测试主要针对模块的 5 个基本特征进行测试。

（1）模块接口。

模块接口测试主要是测试数据能否正确地通过单元。检查的主要内容是实参和形参的参数个数、数据类型及对应关系是否一致。当模块是对数据库表进行输入和输出时,要检查表结构是否正确。

（2）局部数据结构。

局部数据结构主要检查以下几方面的错误:初始化或默认值错误;不正确的变量名字;数据类型不一致等。

（3）重要的执行路径。

重要模块要进行基本路径测试,仔细地选择测试路径是单元测试的一项基本任务。

（4）错误处理。

错误处理主要测试程序处理错误的能力,检查是否存在以下问题:不能正确处理外部输入错误或内部处理引起的错误;对发生的错误不能正确描述或描述内容难以理解;所显示的错误与真正的错误不一致。

（5）边界条件。

程序最容易在边界上出错,如输入/输出数据的等价类边界、选择条件和循环条件的边界等都应进行测试。

2. 测试方法

单元测试环境如图 9-8 所示。由于被测试的模块处于整个软件结构的某一层位置上,一般是被其他模块调用或调用其他模块,其本身不能进行单独运行,因此在单元测试时,需要为被测试模块设计驱动模块和桩模块。

驱动模块的作用是用来模拟被测试模块的上级调用模块,功能要比真正的上级模块简

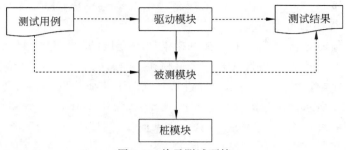

图 9-8 单元测试环境

单得多，仅仅是接收被测试模块的测试结构并输出。桩模块则用来代替被测试模块所调用的模块，作用是提供被测试模块所需要的信息。驱动模块和桩模块的编写给软件开发带来额外开销，但是设计这些模块对单元测试是必要的。

9.5.2 集成测试

集成测试也称为组装测试，是指在所有模块都通过了单元测试后，按系统设计说明书的要求组合起来进行的测试。

按照模块集成的顺序，系统集成主要分为两种方式：一次性集成和渐增式集成。

1. 一次性集成

一次性集成是所有单个模块的单元测试完成后，把所有模块一次性全部集成在一起，作为一个整体来进行测试。一次性集成方式看似简单，但对于大规模的软件项目测试不合适。首先，要对所有单独的模块进行测试，需要编写大量的驱动模块和桩模块，编写工作量较大；其次，所有模块集成在一起后，如果发现问题，很难判断问题是因为哪个模块的缺陷而引起的，对缺陷很难定位。小型软件项目可以使用一次性集成测试，而大型软件项目一般采用渐增式集成测试。

【例 9-5】 某软件系统的结构如图 9-9 所示，如使用一次性集成方式进行测试，则 A 模块的所有子模块 B、C、D、E、F、G，全部一次性地和 A 集成为一个整体后进行测试。

2. 渐增式集成

渐增式集成是以软件结构图为依据，按照一定顺序将某个模块集成到另一个模块中，并且集成范围逐步扩大，集成测试也是逐步完成的。

按不同的顺序，渐增式集成分为自顶向下集成、自底向上集成和混合集成。

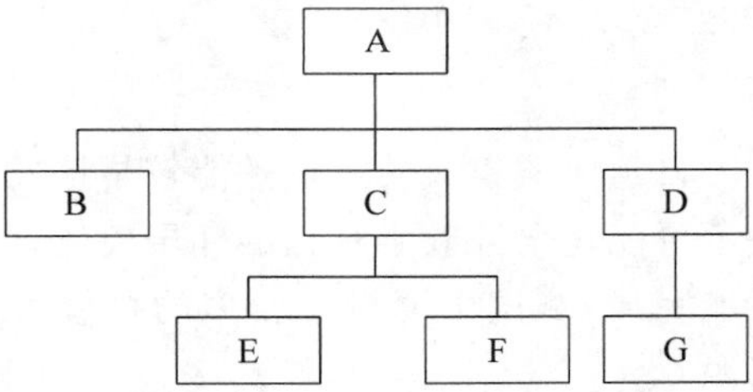

（1）自顶向下集成。

图 9-9 某软件系统的结构

从最顶层的模块开始，所有被最顶层模块调用的下层单元都被桩模块代替，由测试人员开发桩程序，一旦提供了主程序的所有桩程序以后，可开始测试主程序，然后沿着软件的控制层依次向下移动，逐渐把各个模块集成起来。

在集成过程中，可以使用深度优先策略或宽度优先策略。

　　① 深度优先策略是首先集成一个主控路径下的所有模块,主控路径的选择具有任意性,它依赖于应用程序的特性。

　　② 宽度优先策略是将每一层中所有直接隶属于上层的模块集成起来测试。根据选定的结合策略,每次用一个实际模块代替一个桩模块,将模块连接好后进行测试。

　　按照宽度优先策略对例 9-5 所示软件进行自顶向下集成测试。自顶向下宽度优先集成测试过程如图 9-10 所示。单独测试最顶层的模块 A,为模块 B、C、D 分别编写桩模块 S_1、S_2 和 S_3;测试完 A 后,将 B 的桩模块 S_1 用 B 模块来代替;测试完 A、B 后,将 C 的桩模块 S_2 用 C 模块来代替,由于 C 模块有下属模块,所以要为 C 模块编写桩模块;测试完 A、B、C 模块后,将 D 的桩模块用 D 模块来代替,这时要为 D 模块编写桩模块;测试完 A、B、C、D 模块后,再次用同样方法将下一层模块 E、F 和 G 模块加入,从而完成整个软件系统的测试。

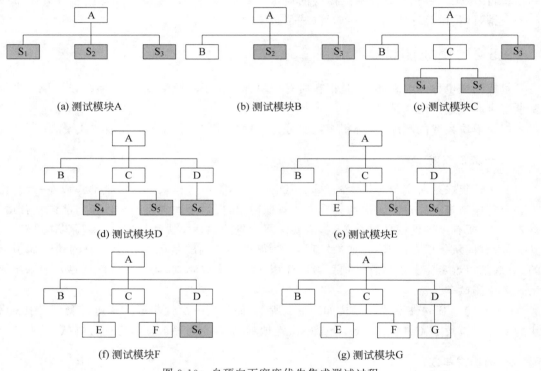

图 9-10　自顶向下宽度优先集成测试过程

　　自顶向下集成的优点是能较早地发现高层模块接口、控制等方面的问题。缺点是桩模块不可能完全等效于真正的底层模块,因此许多测试只有推迟到实际模块代替桩模块之后才能完成;测试中要设计较多的桩模块,测试开销较大;早期不能并行工作,不能充分利用资源。

　　(2) 自底向上集成。

　　首先单独测试位于软件系统最底层的模块,然后将最底层模块与那些直接调用最底层模块的上一层模块集成起来一起测试。这个过程一直持续下去,直到将软件系统所有的模块都集成起来,形成一个完整的软件系统进行测试。显然,自底向上集成是从最底层的模块开始集成,所以不需要使用桩模块来辅助测试。

对例 9-5 所示软件进行自底向上集成测试。自底向上集成测试过程如图 9-11 所示。树状结构图中处于叶子节点的模块为 B、E、F 和 G,在自底向上的集成测试中,测试应从最下层的叶子节点开始。由于模块 B、E、F 和 G 不再调用其他模块,则对它们进行测试时,需要配以驱动模块 D_1、D_2 和 D_3,模拟模块 A、C 和 D 对 B、E、F 和 G 的调用。完成这 4 个模块的测试以后,将模块 E 和 F 集成到模块 C,并被模块 C 调用,将模块 G 集成到模块 D,并被模块 D 调用,同时对模块 C 和 D 配以驱动模块 D_4 和 D_5 进行集成测试。完成所有下层模块的测试后,将所有的下层模块集成到模块 A 进行测试。

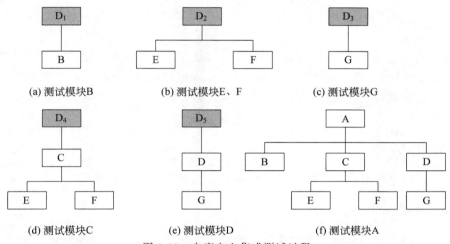

图 9-11 自底向上集成测试过程

自底向上测试的优点是随着测试的进行,驱动模块数逐步减少;比较容易设计测试用例;在早期可以并行工作,充分利用软硬件资源;底层模块的错误能较早发现。缺点是系统整体功能到最后才能测试;软件决策性的错误发现较晚,而上层模块的问题是全局性的问题,影响范围大。

（3）混合集成。

由于自顶向下集成和自底向上集成两种方法各有利弊,实际应用中,应该根据软件的特点、任务的进度选择合适的方法。一般是将这两种集成方法结合起来,底层模块使用自底向上集成的方法组成子系统,然后由主模块开始自顶向下对各子系统进行集成测试。这种方法兼容两种方法的优点,当被测试的软件中关键模块比较多时,这种混合集成方法是最好的折中方法。

9.5.3 确认测试

确认测试阶段要进行有效性测试与软件配置审查两项工作。

1. 有效性测试

有效性测试一般是在模块环境下运用黑盒测试方法,由专门测试人员和用户参加的测试。有效性测试需要需求说明书、用户手册等文档,要制订测试计划,说明测试的内容,描述具体的测试用例。测试用例应选用实际运用的数据。测试结束后,应写出测试分析报告。

2.软件配置审查

软件配置审查的任务是检查软件的所有文档资料的完整性、正确性。如发现遗漏和错误,应补充和改正。同时要编排好目录,为以后的软件维护工作奠定基础。

9.5.4　系统测试

系统测试的目的不是要找出软件故障,而是要证明系统的性能。

1.恢复测试

恢复测试是通过各种方式强制地让系统发生故障并验证其能否适当恢复的一种系统测试。若恢复是自动的,即由系统自身完成,则对重新初始化、检查点机制、数据恢复和重新启动都要进行正确性评估。若恢复需要人工干预,则估算平均恢复时间以确定其是否在可接受的范围之内。

2.安全测试

安全测试验证建立在系统内的保护机制是否能够实际保护系统不受非法入侵。

3.压力测试

压力测试的目的是使软件面对非正常的情形。压力测试是以一种要求反常数量、频率或容量的方式执行系统。

4.性能测试

性能测试的目的是测试软件在实际的集成系统中的运行性能。性能测试经常与压力测试一起进行,且常需要硬件和软件相配合。

9.5.5　验收测试

验收测试是将最终产品与最终用户的当前需求进行比较的过程,是软件开发结束后软件产品向用户交付使用之前进行的最后一次质量检验活动,它将解决开发的软件产品是否符合预期的各项要求,用户是否接受等问题。因此,验收测试是一项严格的、正规的测试活动,并且应该在生产环境中而不是开发环境中进行。

一个软件产品,可能拥有众多用户,不可能由每个用户都进行验收,此时多采用称为 α 测试、β 测试的过程,以期发现那些似乎只有最终用户才能发现的问题。

α 测试是由最终用户在开发者的场所进行的。软件在自然的环境下使用,开发者观察典型用户的实际使用过程,并记录错误和使用问题。

β 测试是在最终用户场所进行的,与 α 测试不同的是开发者通常不在现场。因此,β 测试是在不被开发者控制的环境下的软件的现场应用。最终用户记录测试过程中遇到的所有问题,并将其定期地报告给开发者。接收到 β 测试的问题报告之后,软件开发者进行修改和完善,然后向最终用户发布新的软件产品。

9.6　应用案例——高校财务问答系统软件测试

1. 测试目的

在 8.4 节中,高校财务问答系统后台登录功能经过编码后,在与其他模块进行集成之前,需要经过单元测试,测试登录功能是否正确和有效。

2. 测试设计

下面利用静态测试的走查方法和动态测试的白盒测试方法对登录功能进行测试,提交测试报告。

（1）走查。

首先利用代码走查的方法检查登录功能的代码,对代码质量进行初步的评估。走查情况记录表如表 9-17 所示。

表 9-17　后台登录功能代码走查情况记录

序号	测试项目	情况说明
1	代码结构	1. 不是所有代码行都进行了续行缩进 2. 不是所有括号都在合适的位置
2	程序结构	3. 代码结构清晰 4. 数据结构定义合理
3	类与方法结构	5. 命名规范 6. 声明结构清晰
4	数据类型与变量	7. 所有声明的变量都被使用了 8. 变量的命名不能清晰地描述含义 9. 所有变量都被初始化了 10. 自定义数据类型缺少注释
5	条件语句	11. 条件判断使用正确 12. 判断次数合理 13. 考虑了所有可能情况 14. 嵌套层次小于 2
6	循环语句	15. 循环体不为空 16. 没有无穷次循环 17. 循环索引命名不能清晰地描述含义 18. 循环终止条件清晰 19. 无循环嵌套
7	注释	20. 部分主要语句无注释 21. 注释内容过于简单

（2）白盒测试。

使用基本路径法进行白盒测试。

① 绘制简易程序流程图。后台登录流程图如图 9-12 所示。

② 根据流程图获得程序图。后台登录程序图如图 9-13 所示,其中节点 6 为结束节点。

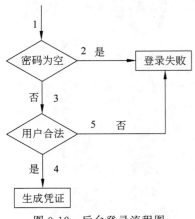

图 9-12　后台登录流程图

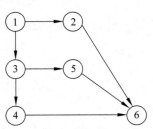

图 9-13　后台登录程序图

③ 计算环路复杂性。

$$V(G) = 7 - 6 + 2 = 3$$

④ 确定基本路径集。

路径 1:1—2—6。

路径 2:1—3—5—6。

路径 3:1—3—4—6。

⑤ 假设登录密码为 admin,设计测试用例如表 9-18 所示。

表 9-18　基本路径法测试用例

用 例 编 号	输 入 数 据	覆 盖 路 径
1	空	路径 1
2	123	路径 2
3	admin	路径 3

基于测试用例进行测试并记录测试结果形成测试报告,将测试报告反馈给开发人员进行确认并修复。

9.7　习题

一、填空题

1. 动态测试中,主要测试软件功能的方法称为_____法。

2. 各模块经过单元测试后,将各模块组装起来进行_____,以检查与设计相关的软件体系结构的有关问题。

3. 被测试程序不在机器上运行,而是采用人工检测和计算机辅助分析检测的手段称为_____测试,运行被测试程序的方法称为_____测试。

4. 黑盒测试依据需求规格说明书检查程序是否满足功能需求,因此,黑盒测试又称为_____。

5. 确认测试阶段要进行_____与软件配置审查两项工作。

6. _____是软件产品向用户交付使用之前进行的最后一次质量检验活动。

二、选择题

1. 软件测试的目的是发现程序中的错误和确认软件的有效性。在下列的所选组合中,符合软件测试步骤次序的是(　　　)。

　　A. 确认测试、集成测试、单元测试　　　　B. 单元测试、确认测试、集成测试

　　C. 单元测试、集成测试、确认测试　　　　D. 集成测试、确认测试、单元测试

2. 集成测试时,能较早发现高层模块接口错误的测试方法为(　　　)。

　　A. 自顶向下渐增式测试　　　　　　　　　B. 自底向上渐增式测试

　　C. 非渐增式测试　　　　　　　　　　　　D. 系统测试

3. 软件测试中,白盒法是通过分析程序的(　　)来设计测试用例的。

　　A. 应用范围　　　　　B. 内部逻辑　　　　　C. 功能　　　　　　　D. 输入数据

4. 下面的逻辑测试覆盖中,测试覆盖最弱的是(　　　)。

　　A. 条件覆盖　　　　　　　　　　　　　　B. 条件组合覆盖

　　C. 语句覆盖　　　　　　　　　　　　　　D. 判定条件覆盖

5. 下面几种白盒测试技术,最强的覆盖准则是(　　　)。

　　A. 条件覆盖　　　　　B. 条件组合覆盖　　　C. 语句覆盖　　　　　D. 判定覆盖

6. 测试用例主要由输入数据和与之对应的(　　　)两部分组成。

　　A. 测试计划　　　　　　　　　　　　　　B. 测试规则

　　C. 预期输出结果　　　　　　　　　　　　D. 以往测试记录

7. 在黑盒测试中,着重检查输入条件的组合的测试用例设计方法是(　　　　)。

　　A. 等价类划分法　　　　　　　　　　　　B. 边界值分析法

　　C. 条件组合覆盖法　　　　　　　　　　　D. 因果图法

8. 为了提高测试的效率,应该(　　　)。

　　A. 随机地选取测试数据

　　B. 取一切可能的输入数据作为测试数据

　　C. 在完成编码以后制订软件的测试计划

　　D. 选择发现错误可能性大的数据作为测试数据

9. 在结构测试用例设计中,有语句覆盖、条件覆盖、判定覆盖、路径覆盖等,其中(　　　)是最强的覆盖准则。

　　A. 语句覆盖　　　　　B. 条件覆盖　　　　　C. 判定覆盖　　　　　D. 路径覆盖

10. 使用白盒测试方法时,确定测试数据应根据(　　　)和指定的覆盖标准。

　　A. 程序的内部逻辑　　　　　　　　　　　B. 程序的复杂结构

　　C. 使用说明书　　　　　　　　　　　　　D. 程序的功能

11. 软件测试是软件开发过程中重要和不可缺少的阶段,其包含的内容和步骤甚多,而测试过程的多种环节中基础的是(　　　)。

  A. 集成测试　　　　　B. 单元测试　　　　　C. 系统测试　　　　　D. 验收测试

12. 软件测试的目的是尽可能发现软件中的错误,通常(　　　)是代码编写阶段可进行的测试,它是整个测试工作的基础。

  A. 系统分析　　　　　B. 安装测试　　　　　C. 验收测试　　　　　D. 单元测试

13. 软件测试是保证软件质量的重要措施,它的实施应该在(　　　)。

  A. 程序编程阶段　　　　　　　　　B. 软件开发全过程

  C. 软件允许阶段　　　　　　　　　D. 软件设计阶段

14. 单元测试是在(　　　)阶段完成的。

  A. 可行性研究和计划　　　　　　　B. 需求分析

  C. 软件实现　　　　　　　　　　　D. 详细设计

15. 在软件测试中,逻辑覆盖标准主要用于(　　　)。

  A. 黑盒测试方法　　　　　　　　　B. 白盒测试方法

  C. 灰盒测试方法　　　　　　　　　D. 软件验收方法

16. 检查软件产品是否符合需求定义的过程为(　　　)。

  A. 确认测试　　　　　B. 集成测试　　　　　C. 验证测试　　　　　D. 验收测试

三、简答题

1. 静态测试的常用方法审查和走查的区别是什么?

2. 白盒测试与黑盒测试的区别是什么?

四、综合题

1. 在某程序中输入内容要求:"以字母开头,后跟字母或数字的任意组合。有效字符数为 8 个,最大字符数为 80 个。"试用等价类划分法写出有效等价类和无效等价类。

2. 请使用判定覆盖和路径覆盖为以下代码段设计测试用例的输入数据。

```
if(x>0 and y>0)
  {
    z=z/x;
  }
if(x>1 and z>1)
{
    z=z+1;
}
```

第10章

软件维护

软件维护是软件生命周期的最后一个阶段,也是软件生命周期耗费时间和精力最大的阶段。软件维护的主要任务是保证软件的正常运行。

教学目标:

(1)理解软件维护的概念、类型、策略、软件维护的副作用和软件的可维护性;

(2)掌握软件维护的实施过程;

(3)理解软件再工程的概念和模型。

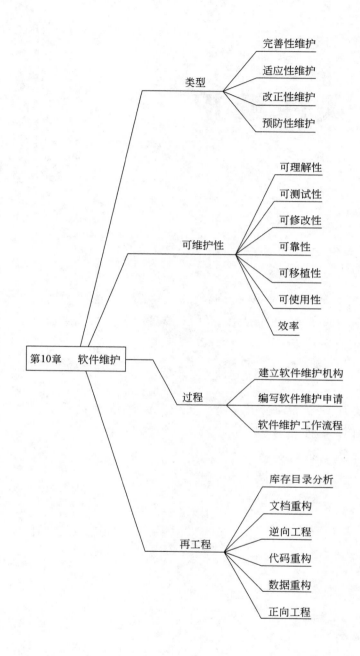

🔑 10.1　软件维护概述

10.1.1　软件维护的概念

软件维护就是在软件产品投入使用后,为了改正软件产品中的错误或为了满足用户对软件的新需求而修改软件的过程。软件维护不同于硬件维护,软件维护不是因为软件老化或磨损引起,而是由于软件设计不正确、不完善或使用环境的变化等引起的。

10.1.2　软件维护的类型

软件维护的最终目的是满足用户对已开发产品的性能与运行环境不断提高的需要,进而达到延长软件寿命的目的。按照软件维护的目标,软件维护可分为完善性维护、适应性维护、改正性维护和预防性维护。软件维护的类型如图 10-1 所示。

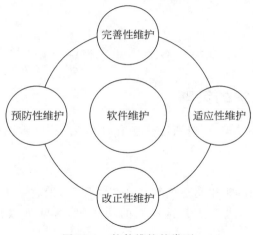

图 10-1　软件维护的类型

1. 完善性维护

软件在功能和性能上还不能满足需求,用户可能提出新的功能及性能需求,为了满足这些需求,扩充软件功能和提高软件性能的过程称为完善性维护。

2. 适应性维护

随着时间的推移,软件产品的使用环境和支持平台可能发生变化,为了适应这些变化而修改软件的过程称为适应性维护。

3. 改正性维护

软件交付后,遇到的第一类维护问题就是软件中存在的错误。为了识别和纠正软件错误、改正软件性能上的缺陷、排除实施中的误操作,而进行的诊断和改正错误的过程称为改正性维护。

4. 预防性维护

为了提高软件的可维护性、可靠性,或为了给未来的改进奠定更好的基础而修改软件的过程称为预防性维护。

在整个软件维护阶段中,完善性维护是工作量占比最大的阶段。统计数据表明,完善性维护约占总维护的 50%,适应性维护约占总维护的 25%,改正性维护约占总维护的 20%,而预防性维护仅占总维护的 5%。各类维护占总维护的比例如图 10-2 所示。

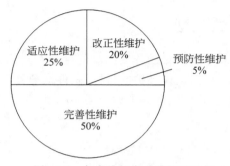

图 10-2　各类维护占总维护的比例

10.1.3　软件维护的策略

针对 3 种典型的软件维护,可以通过一些维护策略来控制维护成本和提高维护效率。

1. 完善性维护策略

完善性维护主要采用的策略是建立软件系统的原型,把它在实际系统开发之前提供给用户。用户通过研究原型,进一步完善他们的功能要求,就可以减少以后完善性维护的需要。

2. 适应性维护策略

适应性维护主要采用以下策略。

(1) 在配置管理时,把硬件、操作系统和其他相关环境因素的可能变化考虑在内,可以减少某些适应性维护的工作量。

(2) 把硬件、操作系统,以及其他外围设备有关的程序划分到特定的程序模块中;把因环境变化而必须修改的程序局限于某些程序模块之中。

(3) 使用内部程序列表、外部文件以及处理的例行程序包,可为维护时修改程序提供方便。

3. 改正性维护策略

改正性维护主要采用的策略是使用新技术,通过使用新技术可大大提高可靠性,减少进行改正性维护的需要。例如,利用数据库管理系统、软件集成开发环境、程序自动生成系统等方法可产生更加可靠的代码。

10.1.4　软件维护的副作用

软件维护的副作用是指由于修改而导致的错误。软件维护是存在风险的,因为在复杂逻辑中,每修改一次,都可能使潜在的错误增加。软件维护的副作用可以分为 3 类,包括修改代码的副作用、修改数据的副作用和修改文档的副作用。

1. 修改代码的副作用

对一个简单语句做简单的修改,有时可能导致灾难性的结局。虽然不是所有的副作用都有这样严重的后果,但修改容易导致错误,而错误经常造成各种问题。一般可在回归测试过程中对修改代码的副作用造成的软件故障进行查找和改正。

2. 修改数据的副作用

软件维护时经常要对数据结构个别元素或结构本身进行修改。当数据改变时,原有软件设计可能对这些数据不再适用从而产生错误。完善的设计文档可以限制修改数据的副作用。

3. 修改文档的副作用

对数据流、软件结构、模块逻辑或任何其他有关特性进行修改时,必须对相关技术文档进行相应修改,否则会导致文档与程序功能不匹配等错误,使得软件文档不能反映软件的当前状态。因此必须在软件交付之前对整个软件配置进行评审,以减少修改文档的副作用。

10.1.5　软件的可维护性

许多软件的维护很困难,主要是因为软件的源程序和文档难以理解和修改。由于维护工作面广,维护的难度大,稍有不慎,就会在修改中给软件带来新的问题或引入新的错误,所以为了使软件能够易于维护,必须考虑使软件具有可维护性。

软件可维护性是指软件能够被理解,并能纠正软件系统出现的错误和缺陷,以及为满足新的要求进行修改、扩充或压缩的容易程度。软件的可维护性、可使用性和可靠性是衡量软件质量的几个主要特性,也是用户关心的问题之一。

软件的可维护性是软件开发阶段各个时期的关键目标。影响软件可维护性的因素很多,设计、编码和测试中的疏忽和低劣的软件配置,以及缺少文档等都会对软件的可维护性产生不良的影响。目前广泛使用表 10-1 中所示的 7 种特性来衡量软件的可维护性。从表 10-1 可以看出,对于不同类型的维护,这 7 种特性的侧重点也不相同。将这些特性作为基本要求,需要在软件开发的整个阶段都采用相应的保证措施,也就是说将这些质量要求渗透到软件开发的各个步骤中。因此,软件的可维护性是产品投入运行以前各阶段面临这 7 种质量特性要求进行开发的最终结果。

表 10-1　软件可维护性的 7 种特性

特　　性	改正性维护	适应性维护	完善性维护
可理解性	√		
可测试性	√		
可修改性	√	√	
可靠性	√		
可移植性		√	
可使用性		√	√
效率			√

1．可理解性

可理解性表明人们通过阅读源代码和相关文档，了解软件功能和运行状况的容易程度。对于可理解性，可以使用一种称为“90-10 测试法”来衡量。即让有经验的程序员阅读 10 分钟要测试的程序，然后如能凭记忆和理解写出 90％的程序，则称该程序是可理解的。

2．可测试性

可测试性表明论证软件正确性的容易程度。对于软件中的程序模块，可用程序复杂性来度量可测试性。明显地，程序的环路复杂性越大，程序的路径就越多，全面测试程序的难度也就越大。

3．可修改性

可修改性表明程序容易修改的程度。一个可修改的程序应当是可理解的、通用的、灵活的、简单的。其中，通用性是指程序适用于各种功能变化而无须修改。灵活性是指能够容易地对程序进行修改。

4．可靠性

可靠性表明软件按照用户的要求和设计目标，在给定的一段时间内正确执行的概率。度量可靠性的方法主要有两类：可以根据程序错误统计数字进行可靠性预测，也可以根据程序复杂性预测软件可靠性。

5．可移植性

可移植性表明软件转移到一个新环境的可能性的大小，或者软件能有效地在各种环境中运行的容易程度。一个可移植性好的软件应具有良好、灵活、不依赖于某一具体计算机或操作系统的性能。

6．可使用性

可使用性表明软件方便、实用及易于使用的程度。一个可使用的软件应该易于使用，允许出错和修改,而且尽量保证用户在使用时不陷入混乱状态。

7. 效率

效率表明软件能够执行预定功能而又不浪费机器资源的程度,包括内存容量、外存容量、通道容量和执行时间。

10.2　软件维护过程

通常每项维护活动,首先要建立软件维护机构,对每一个维护申请提出报告,并对其进行论证。然后为每一项维护申请规定维护的内容和标准的处理步骤。此外,还必须建立维护活动的登记制度,以及规定维护评审和评价的标准。

10.2.1　软件维护机构

为了能够高效地开展软件维护工作,确立一个正式的或非正式的维护机构是非常必要的。软件维护机构如图 10-3 所示。

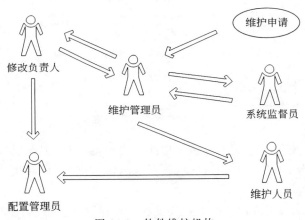

图 10-3　软件维护机构

维护需求往往是在没有办法预测的情况下发生的。当有维护需求时提交申请给维护管理员,维护管理员把申请交给系统监督员进行评价。系统监督员是技术人员,对软件产品的每一个细微部分都非常了解。一旦做出评价,将由修改负责人确定如何修改并下达修改通知。在维护人员对程序进行修改的过程中,由配置管理员严格把关,控制修改的范围,对软件配置进行审计。软件维护机构的全部人员都应当按照规章制度开展工作,以免影响效率,也可以减少维护过程中的混乱。

10.2.2　软件维护申请

所有的软件维护申请应按规定的方式提出。软件维护申请是在维护开始之前由用户填写的外部文件,也可称为修改申请单或软件问题报告单。改正性维护的申请单一般提供完整的错误情况说明、错误发生的环境,包括输入输出数据清单和其他有关材料。若申请适应性维护或完善性维护,一般仅需提供简要的修改需求说明。软件维护申请应该提交给维护管理员,经批准后才能开始进一步安排维护工作。

10.2.3　软件维护工作流程

软件维护的工作流程如图 10-4 所示。

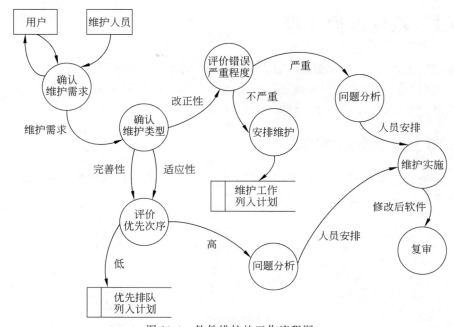

图 10-4　软件维护的工作流程图

确认维护需求。这需要维护人员与用户反复协商,弄清错误概况以及对业务的影响大小、用户希望做什么样的修改,并把这项情况存入故障数据库,然后由维护管理员确认维护类型。

对改正性维护申请,评价错误严重程度。如果存在严重的错误,则必须安排人员在系统监督员的指导下进行问题分析,寻找错误发生的原因,进行紧急维护。对于不严重的错误,可根据任务、轻重缓急程度,统一安排维护。

对适应性维护和完善性维护申请,评价每项申请的优先次序。若某项申请的优先级非常高,就应该立即开始维护工作;否则,维护申请和其他开发工作一样,进行优先排队,统一安排时间。并不是所有这些类型的维护申请都必须承担,因为这些维护通常等于对软件项目做二次开发,工作量很大。所以需要根据商业需要、可利用资源的情况、目前和将来软件的发展方向等因素综合考虑决定是否批准维护申请。

尽管维护申请的类型不同,但都要进行同样的技术工作。这些工作包括修改软件需求说明、修改软件设计、设计评审、对源程序做必要的修改、单元测试、集成测试、确认测试、软件配置评审等。

在每次软件维护任务完成后,进行一次情况评审。情况评审对将来的维护工作如何进行会产生重要的影响,并可为软件机构的有效管理提供重要的反馈信息。

🔑 10.3 软件再工程

随着维护次数的增加,可能会造成软件结构的混乱,使软件的可维护性降低,束缚着新软件的开发。同时,那些待维护的软件又常是业务的关键,不可能废弃或重新开发,于是引出了软件再工程的概念。软件再工程就是对旧的软件进行重新处理、调整,提高其可维护性的软件工程活动。

软件再工程是将重构、逆向工程和正向工程组合起来的一项工程过程,这一过程需要花费大量的时间和资源,必须遵循一些原则。软件再工程过程模型定义了 6 类活动,即库存目录分析、文档重构、逆向工程、代码重构、数据重构和正向工程。软件再工程过程模型如图 10-5 所示。

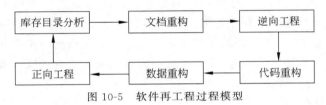

图 10-5 软件再工程过程模型

软件再工程过程模型是一个循环模型,这意味着作为该模型一部分的活动可能被重复。在循环数周后,这些活动可以终止。

1. 库存目录分析

库存目录一般是包含提供详细描述信息的一个电子表格模型。按照业务关键性、年份、当前可维护性以及其他局部标准排序库存目录信息,从中得到再工程的候选对象。然后,针对再工程工作的候选对象分配资源。

2. 文档重构

缺少文档是很多待维护系统共同存在的问题。建立文档一般分为 3 种情况进行处理。情况之一,如果系统能够正常运作,则保持其现状;情况之二,仅对系统当前正在进行改变的部分程序建立完整的文档;情况之三,系统的业务非常关键,必须完全地为此重构文档。

3. 逆向工程

逆向工程是一个对已有系统分析的过程,通过分析识别出系统中的模块、组件及它们之间的关系,并以另一种形式或在更高的抽象层次上,创建出系统表示。逆向工程的目的就是在缺少文档说明或根本没有文档的情况下,还原出软件系统的设计结构、需求实现,并尽可能地找出内部的各种联系、相应的接口等,从而恢复已遗失的信息,发现存在的缺陷,生成可变换的系统视图,综合出较高的抽象表示。

4. 代码重构

代码重构是软件再工程中最常见的活动,代码重构的目标是产生提供具有相同功能,但比原程序质量更高的程序的设计。通常情况下,可以使用重构工具分析源代码标注出存在问题的部分,然后再重构这些代码。

5.数据重构

首先进行数据分析,即对数据定义、文件描述、输入输出以及接口描述的程序语句进行评估,其目的是抽取数据项和对象,获取关于数据流的信息,以及理解现存实现的数据结构。数据分析完成后开始数据重设计,包括数据记录标准化、文件格式转换、数据库类型转换等。

6.正向工程

新目标系统的生成是通过正向工程来完成的。正向工程过程应用软件工程的原理概念和方法来重新构建某现存应用系统。这一过程从前期工作生成的、与逻辑实现无关的抽象描述开始,一步一步地求精,直至生成可替换旧软件系统的新系统及相关的详细文档为止,这一过程与通常的软件开发过程相类似。在大多数情况下,正向工程并不是简单地创建某旧程序的一个等价版本,而是将新的用户需求和技术需求集成到再工程活动中,使重新开发的程序扩展了旧程序的能力。同时,正向工程的成败与逆向工程的深入程度密切相关。

⚷ 10.4　习题

一、填空题

1.为了识别和纠正在运行中产生的错误而进行的维护称为_____。

2.为了使应用软件适应计算机硬件、软件及数据环境所产生的变化而修改软件的过程称为_____。

3.为增加软件功能、增强软件性能、提高软件运行效率而进行的维护活动称为_____。

4._____是为了提高软件的可维护性、可靠性,或为了给未来的改进奠定更好的基础而修改软件的过程。

二、选择题

1.产生软件维护的副作用是指(　　　)。

　　A. 开发时的错误　　　　　　　　　　B. 隐含的错误

　　C. 因修改软件而造成的错误　　　　　D. 运行时的误操作

2.维护由引起的原因不同可分为几类,(　　　)是由于外部环境或数据库的环境的变化造成的。

　　A. 改正性维护　　　B. 适应性维护　　　C. 完善性维护　　　D. 预防性维护

3.因计算机硬件和软件环境的变化而做出的修改软件的过程称为(　　　)。

　　A. 改正性维护　　　B. 适应性维护　　　C. 完善性维护　　　D. 预防性维护

4.软件工程针对维护工作的主要目标是提高软件的可维护性,降低(　　　)。

　　A. 维护的效率　　　　　　　　　　　B. 维护的工作量

　　C. 文档　　　　　　　　　　　　　　D. 维护的代价

5. 软件文档是软件工程实施中的重要成分,它不仅是软件开发各阶段的重要依据而且也影响软件的(　　)。

　　A. 可理解性　　　　　B. 可维护性　　　　　C. 可测试性　　　　　D. 可扩展性

6. 在软件生存周期中,工作量所占比例最大的阶段是(　　)阶段。

　　A. 需求分析　　　　　B. 概要设计　　　　　C. 软件测试　　　　　D. 软件维护

三、简答题

1. 按照软件维护的目标,软件维护可分哪几类?

2. 什么是软件可维护性? 衡量软件质量的主要特性有哪些?

第 *11* 章

软件项目管理

为了避免可能出现的"软件危机",需要将工程化的思想引入软件的开发活动中,对软件项目进行有效的管理。因此,一个高质量软件产品的成功开发必须以良好的项目管理为保证。

教学目标:
(1) 理解软件项目管理的概念、过程和内容;
(2) 熟悉各项软件项目管理的任务和方法。

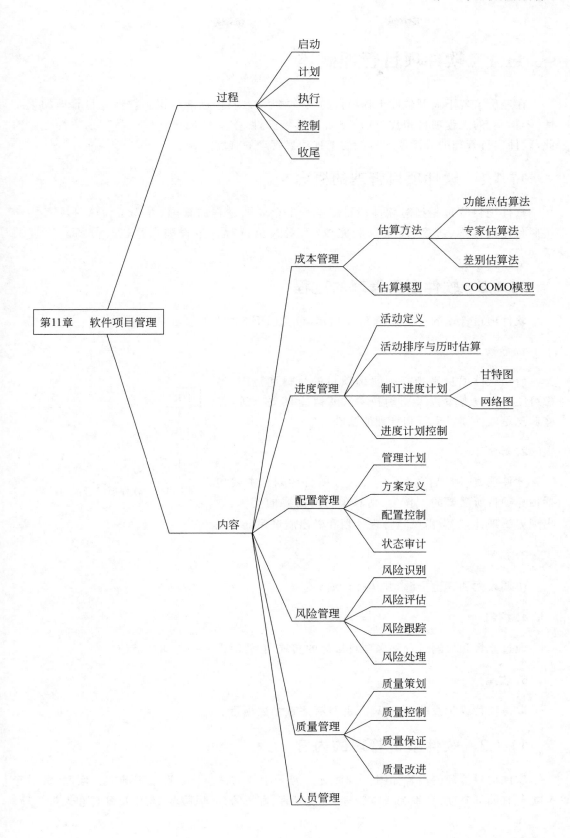

🔑 11.1   软件项目管理概述

在经历了若干大型软件工程项目的失败之后,人们才逐渐认识到软件项目管理的重要性。与一般的工程项目相比,软件项目有其特殊性,主要体现在软件产品的抽象性上。因此,软件项目管理的难度要比一般的工程项目管理的难度大。

11.1.1   软件项目管理的概念

软件项目管理是指对软件项目的整个生存周期过程的管理,是为了使软件项目能够按照预定的成本、进度、质量顺利完成,而对人员、产品、过程和项目进行分析和管理的活动。

11.1.2   软件项目管理的过程

软件项目管理的过程如图 11-1 所示,分为以下 5 个步骤。

1. 启动

启动软件项目是指必须明确项目的目标和范围、考虑可能的解决方案以及明确技术和管理上的要求等,这些信息是软件项目运行和管理的基础。

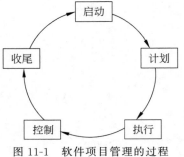

图 11-1   软件项目管理的过程

2. 计划

软件项目一旦启动,就必须制订项目计划。主要包括估算项目所需要的工作量、估算项目所需要的资源、做出配置管理计划、做出风险管理计划和做出质量保证计划等。

3. 执行

协调人力和其他资源,并执行计划。

4. 控制

通过监督和检测过程确保项目目标的实现,必要时采取一些纠正措施。

5. 收尾

取得项目或阶段的正式认可,并且有序地结束项目。

11.1.3   软件项目管理的内容

软件项目管理的内容如图 11-2 所示。涉及上述软件项目管理过程的方方面面,概括起来主要有如下 6 项,分别为成本管理、进度管理、配置管理、风险管理、质量管理和人员管理。

图 11-2 软件项目管理的内容

11.2 成本管理

软件项目成本管理的目标是确保在批准的预算范围内完成项目所需的各项任务。其中"项目"和"预算范围内"是两个关键词。项目经理必须在项目启动时完成准确定义项目范围、估算项目支出等工作,并在项目过程中通过一系列监控手段和方法努力减少和控制成本费用支出。通常,软件项目成本管理活动包括以下几方面。

(1)软件系统规模估算。

软件系统规模估算包括软件项目工作任务分解,并且根据分解的工作任务对程序量进行估算。

(2)软件项目成本估算。

软件项目成本估算包括软件生产效率的估计,并根据软件系统规模和生产效率估计完成项目所需各项资源的成本。

(3)软件项目成本预算制订。

软件项目成本预算制订包括将软件项目的整体成本估算配置到各项任务中,并输出成本估算表和使用计划表。

(4)软件项目成本监控。

软件项目成本监控包括定期的项目成本统计、核算,监控预算完成情况,偏差分析和预算调整等。成本控制过程的主要输出是修正的成本预算、纠正行动、完工估算和取得的教训等。

11.2.1 软件项目成本估算方法

为了使开发项目能在规定的时间内完成,而且不超过预算,成本估算和管理控制是关键。要执行成本控制,首先要进行成本估算。

1. 功能点估算法

功能点估算法是以项目的需求规格说明中已经得到确认的软件功能为依据,通过分析要开发系统的功能点对项目成本做出估算。

2. 专家估算法

专家估算法就是与一位或多位专家商讨,专家根据自己的经验和对项目的理解对项目成本做出估算。当由多位专家进行估算时,可以采用求中值或平均值的方法或者Delphi 法。

Delphi 法首先给每位专家一份软件规格说明书和一张记录估算值的表格,然后专家无记名填写表格,再对专家填在表上的估算进行小结,据此给出估算迭代表,要求专家进行下一轮估算。最后,专家重新无记名填写表格,以上步骤要适当地重复多次,在整个过程中,专家不得进行小组讨论。

3. 差别估算法

差别估算法是将开发项目与一个或多个已完成的类似项目进行比较,找到与某个相类似项目的若干不同之处,并估算每个不同之处对成本的影响,导出开发项目的总成本。

11.2.2　软件项目成本估算模型

构造性成本模型(Constructive Cost Model,COCOMO)是一个结构化成本估算模型。

1. 模型分级

COCOMO 模型分为三级模型。
(1) 基本 COCOMO 模型,是一个静态单变量模型,它是对整个软件系统进行估算。
(2) 中级 COCOMO 模型,是一个静态多变量模型。
(3) 详细 COCOMO 模型,将软件系统模型分为系统、子系统和模块三个层次。

2. 项目分类

COCOMO 模型中,考虑开发环境,软件开发项目的类型可以分为以下 3 种。
(1) 有机式。项目相对简单,一组有经验的程序员在极为熟悉的环境中开发软件。
(2) 嵌入式。项目必须在严格的约束条件下开发,要解决的问题很少见,因而无法借助于经验。
(3) 半分离式。介于有机式和嵌入式之间的中间方式,项目为中等规模,开发小组可能由经验不同的混合人员组成。

3. 基本 COCOMO 模型估算方法

基本 COCOMO 模型把工作量作为软件程序规模的函数计算,其计算公式如下:

$$E = aS^b \tag{11-1}$$

其中,S 是以千行数(KLOC)计数的规模,因子 a、b 取值如表 11-1 所示。

表 11-1　3 种开发模式在基本 COCOMO 模型中的取值

开 发 模 式	a	b
有机式	2.4	1.05
半分离式	3.0	1.12
嵌入式	3.6	1.20

根据计算出的工作量,可以由式(11-2)计算所需的开发时间:

$$t = cE^d \tag{11-2}$$

其中,E 是式(11-1)估算出来的以人·月为单位的工作量;c、d 是随开发模式而改变的因子,c、d 的取值如表 11-2 所示。

表 11-2　开发时间参数

开 发 模 式	c	d
有机式	2.5	0.38
半分离式	2.5	0.35
嵌入式	2.5	0.32

11.3　进度管理

进度是对执行的活动和里程碑所制订的工作计划日期表。软件项目进度管理是指在项目实施过程中,对各阶段的工作进展程度和项目最终完成的期限所进行的管理,是为了确保项目按期完成所需要的管理过程。

11.3.1　软件项目进度管理内容

为了确保项目能够按照计划准时完成所必需的过程和任务,软件项目进度管理包括以下 4 方面内容。

(1) 活动定义。确定项目团队成员和项目干系人为完成项目可交付成果而必须完成的具体活动。

(2) 活动排序与历时估算。确定项目活动之间的关系,估计完成具体活动所需要的工作时段数。

(3) 制订进度计划。分析活动的顺序、活动历时估算和资源要求,制订项目计划。

(4) 进度计划控制。控制和管理项目进度计划的变更。

通过以上几个主要过程,使用一些基本的软件项目管理工具和技术可以改善时间管理的效果。

11.3.2　软件项目进度计划

为了更有效地实施进度管理,管理者必须制订一个足够详细的进度表,以便监督项目进度,并控制整个项目。甘特图和网络图就是两种常用的制订软件项目进度计划的工具。

1. 甘特图

甘特图(Gantt Chart)是一种表示工作进度计划以及工作实际进度情况的图示方法。在甘特图中,使用纵向列出项目活动,横向列出时间跨度,每项活动计划或实际的完成情况用横道线表示。某项目进度计划的甘特图如图 11-3 所示。从图 11-3 中可以清楚地看出各项子任务在时间对比上的关系,但是甘特图无法表达多个子任务之间更为复杂的连接关系。

ID	任务名称	2023年8月				9月																										
		28	29	30	31	1	2	3	4	5	6	7	8	9	10	11	12	13	14	15	16	17	18	19	20	21	22	23	24	25	26	27 28
1	需求分析																															
2	软件设计																															
3	软件实现																															
4	软件测试																															
5	编写手册																															

图 11-3　某项目进度计划的甘特图

2. 网络图

网络图(Program Evaluation and Review Technique,PERT)。网络图是一个有向图,使用有向箭头表示子任务,箭头旁是子任务的名称。使用有编号的圆圈表示节点,节点也称为事件,即子任务的始发点或指向点,每个事件有一个事件编号和启动该事件的最早时间和最迟时间。某项目的网络图如图 11-4 所示,从图 11-4 中可以看出,网络图不仅可以表示子任务的计划安排,还可以在任务计划执行过程中估计任务完成的情况,分析某些子任务完成情况对全局的影响,找出影响全局的区域和关键子任务,以便及早采取措施,确保整个任务的按时完成。

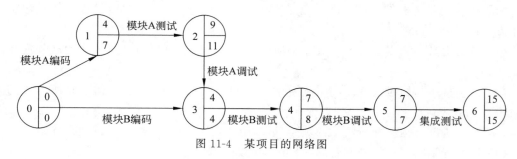

图 11-4　某项目的网络图

🔑 11.4　配置管理

软件项目配置管理是软件项目运作的一个支撑平台,它将项目相关人的工作协同起来,实现高效的团队沟通,使工作成果及时共享。这种支撑贯穿在项目的整个生命周期。软件配置管理支撑平台如图 11-5 所示。

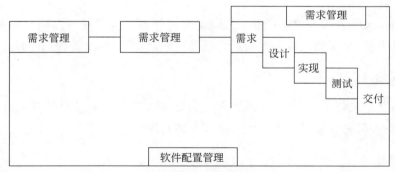

图 11-5　软件配置管理支撑平台

软件配置管理过程如图 11-6 所示,分为管理计划、方案定义、配置控制和状态审计 4 个步骤。

图 11-6　软件配置管理过程

1. 管理计划

确定软件配置管理组织和职责,明确配置管理的过程、工具、技术及方法,知道何时及如何进行。配置管理通过软件组织内部的指导及软件合同需求来实现,在发布软件配置管理计划之前,必须先对计划进行验证和确认并开发相关文档。

2. 方案定义

定义一个配置管理方案对软件产品进行跟踪,包括建立各个阶段的配置管理基线、进行配置标识。

3. 配置控制

建立配置控制委员会,对基线的变更只有得到配置控制委员会的同意才能进行,对变更进行跟踪,确保任何时候软件配置都是已知的,在软件生存周期的整个过程中都要清楚基线状态的变更历史,以便于下一步的状态审计。

4. 状态审计

对配置状态进行报告,明确到目前为止改变的次数及最新版本等。

11.5　风险管理

软件项目风险管理是指对软件项目可能出现的风险进行识别、评估、跟踪、处理的过程。

1.风险识别

风险识别是风险管理的首要任务。风险识别的任务是辨识或预测项目面临的风险,揭示风险和风险来源,以文档及数据库的形式记录风险,设法避免或处理风险。

2.风险评估

风险评估又称风险预测,常采用两种方法估算每种风险。一种是估算风险发生的可能性或概率,另一种是估算如果风险发生时所产生的后果。

3.风险跟踪

经过风险识别与评估,可以预测风险发生的背景、可能性及造成的后果等。但风险是否发生,什么时候发生,以哪种形式表现,这些都需要通过风险跟踪才能得到正确的判断。风险跟踪活动包括动态衡量项目状态,观察项目有关信息,度量判断项目风险,决策何时应该执行风险计划。

4.风险处理

风险处理是指利用某些技术,如原型、软件自动化以及某些项目管理方法等设法避免或转移风险。

🔑 11.6　质量管理

软件质量是指软件系统满足用户需要或期望的程度。高质量的软件产品意味着较高的用户满意度及较低的缺陷等级,它较好地满足了用户需求,具有较高的可靠性和可维护性。管理软件产品的质量是软件产品生产过程的关键。

质量管理的 4 个重要环节包括质量策划、质量控制、质量保证和质量改进。

1.质量策划

质量策划指在确定项目的质量目标基础上,规划需要投入的人力、时间、费用等资源。

2.质量控制

质量控制指为达到质量目标而开展的活动,如评审、测试等。

3.质量保证

质量保证指为信任所达到的质量目标而开展的活动,用以表明质量控制活动是有效的。

4.质量改进

质量改进指为提高软件产品的有效性和效率而开展的活动。

质量控制与质量保证并不相同,表 11-3 对比了二者的区别。

表 11-3　质量控制与质量保证的区别

对　比　项	质　量　控　制	质　量　保　证
目的	尽力使软件产品达到质量要求	为软件产品达到质量要求提供信任
对象	软件产品	开发过程
做法	找出软件缺陷,分析原因并解决	通报软件缺陷,确保缺陷得到解决

11.7　人员管理

软件项目成功的关键是有高素质的软件开发人员。由于大多数软件的规模都很大,必须把多名软件开发人员合理地组织起来,使他们有效地分工协作共同完成开发工作。因此,人员管理是软件项目管理中至关重要的组成部分。

一般来说,人员管理是一项复杂的工作,其具体的工作内容由以下相互关联的任务所组成。

（1）分析人力资源需求、规划人力资源配备状态。

（2）获取人力资源信息、招聘员工、确定劳资关系。

（3）培训员工、任用员工。

（4）评估员工业绩,依据人力资源评价体系奖惩员工。

11.8　习题

一、填空题

1. _____是指对软件项目的整个生存周期过程的管理,是为了使软件项目能够按照预定的成本、进度、质量顺利完成,而对人员、产品、过程和项目进行分析和管理的活动。

2. 软件项目管理的过程分为启动、计划、_____、控制和收尾。

3. 为了使开发项目能在规定的时间内完成,而且不超过预算,成本估算和管理控制是关键。要执行成本控制,首先要进行_____。

4. _____和网络图就是两种常用的制订软件项目进度计划的工具。

5. 软件项目配置管理分为管理计划、方案定义、配置控制和_____ 4 个步骤。

6. _____是指对软件项目可能出现的风险进行识别、评估、跟踪、处理的过程。

二、选择题

1. 软件项目管理是（　　）一切活动的管理。

　　A. 需求分析　　　　　B. 软件设计过程　　　C. 模块设计　　　　　D. 软件生命周期

2. 以下（　　）不属于软件项目成本估算方法。

　　A. 功能点估算法　　B. 投入估算法　　　　C. 专家估算法　　　　D. 差别估算法

三、简答题

1. 软件项目管理过程分为哪些步骤？
2. 软件项目进度管理包括哪些方面？
3. 请从目的、对象和做法 3 方面说明质量控制与质量保证的区别。

第 2 部分

实践案例

PART 2

第 *12* 章

综合实践案例

CHAPTER *12*

本章分别介绍一个 C/S 结构的学生选课系统和一个 B/S 结构的民主测评系统的具体案例。读者可以通过两个案例加深对软件工程相关技术的认识和理解。

12.1 学生选课系统

12.1.1 系统背景

开发学生选课系统可以提高学生选课效率,提供更多选课信息,优化选课流程,提升教务管理效率,并为学校提供数据支持决策,从而提高教学质量和学生满意度,促进教育信息化发展。

(1)提高学生选课效率。学生选课系统可以提供在线选课功能,使学生能够方便快捷地浏览和选择课程,提高选课效率。

(2)提供更多选课信息。学生选课系统可以提供详细的课程信息,包括课程名称、教师信息、上课时间地点、课程描述等。学生可以根据自己的兴趣和需求,更全面地了解课程内容,做出更好的选课决策。

(3)优化选课流程。学生选课系统可以提供智能化的选课规划和冲突检测功能,帮助学生避免选课时间冲突或者选课冲突。

(4)提升教务管理效率。学生选课系统可以自动化处理选课数据,减少人工操作和纸质文件的使用。教务管理人员可以更方便地管理和统计选课数据,提高工作效率。

(5)提供支持决策。学生选课系统可以收集和分析选课数据,为学校提供决策支持。通过分析学生选课偏好和课程需求,学校可以优化课程设置和资源分配,提高教学质量和学生满意度。

12.1.2 可行性分析

(1)技术可行性。学生选课系统是一个 C/S 架构的软件项目,使用 ASP.NET 与 MySQL 数据库开发一个小型的学生选课系统,开发和实施系统所需要的技术资源和能力都已具备,使用的技术和开发平台都非常适用于 C/S 架构的软件系统。

(2)经济可行性。开发和实施系统的成本主要是研发费用;应用系统带来的效益主要是降低高校教务人力资源成本,并且可以提高学生满意度。

(3)法律可行性。研发系统完全符合相关法律法规和政策要求。

通过对以上可行性因素的分析,开发和实施学生选课系统是可行的。

12.1.3 需求分析

1. 系统功能需求分析

学生选课系统是一个 C/S 架构的软件项目,分为前台选课和后台管理两部分。

(1)前台选课。前台选课用户是学生,主要具有登录、修改密码、查询开设课程、选择课程、维护选课单、提交选课单、查看课程表等功能。具体功能描述如下。

① 登录。用户在登录时,需要选择用户身份为学生,然后输入用户名和密码进行验证。登录成功后,进入学生选课系统主界面;若登录不成功,则显示提示信息。

② 修改密码。学生可以修改密码。输入新密码和确认新密码,若两次密码输入一致,则实现学生密码修改;若两次密码输入不一致,则显示提示信息。若用户单击"取消"时,则关闭当前窗口。

③ 查询开设课程。当选课时,学生可以通过开课学期查询本专业的全部课程信息,包括课程编号和课程名称等。当在表格中选择某门课程后,可以查看本门课程的全部详细信息。

④ 选择课程。学生在表格中选中某门课程后,单击"确认选择"后,课程被临时存储在数据集中。学生可以选择一门或多门课程。

⑤ 维护选课单。学生可以对存储在数据集中的已选课程进行删除等维护操作。

⑥ 提交选课单。学生维护选课单后,单击"提交"正式提交选课信息。

⑦ 查看课程表。学生可以查看课表,包括课程名称、授课教师和教室等详细信息。如果学生还没有选课,会显示提示信息。

(2) 后台管理。后台管理用户是管理员,主要具有登录、系统信息管理、添加学生信息、修改学生信息、删除学生信息、添加课程信息、修改课程信息、删除课程信息、添加成绩信息和查看统计信息等功能。具体功能描述如下。

① 登录。用户在登录时,需要选择用户身份为管理员,然后输入用户名和密码进行验证。登录成功后,进入选课管理主界面;若登录不成功,则显示提示信息。

② 系统信息管理。管理员可以修改密码。输入新密码和确认新密码,若两次密码输入一致,则实现管理员密码修改;若两次密码输入不一致,则显示提示信息。若用户单击"取消"时,则关闭当前窗口。

③ 添加学生信息。管理员在文本框中输入学生的姓名、学号,然后选择学院、专业、年级,单击"添加",将显示添加成功提示信息;若管理员单击"退出",则关闭当前窗口。

④ 修改学生信息。管理员通过学号查询到学生信息,可以对学生姓名、学院、专业和年级进行修改。

⑤ 删除学生信息。管理员通过学号查询到学生信息,单击"删除"时,显示提示信息"确定要删除该学生信息吗?"如果管理员单击"确定",则实现学生信息删除,并显示删除成功提示信息;若管理员单击"取消",则关闭当前窗口。

⑥ 添加课程信息。管理员在文本框中输入课程的课程名、课程号、学分等信息,单击"提交",将显示添加成功提示信息;若管理员单击"退出",则关闭当前窗口。

⑦ 修改课程信息。管理员在维护课程信息页面中可以查看到全部课程信息,单击某课程,可以对课程的学分、授课教师、课程学期等进行修改。

⑧ 删除课程信息。管理员在维护课程信息页面中可以查看到全部课程信息,单击某门课程,然后单击"删除",显示提示信息"是否确认删除该课程信息?"如果管理员单击"确定",则实现课程信息删除,并显示删除成功提示信息;若管理员单击"取消",则关闭当前窗口。

⑨ 添加成绩信息。管理员输入学期、学号和课程名可以查询到对应的学生成绩信息,如果成绩信息为空,可以在文本框中输入成绩,单击"提交",将显示提交成功提示信息。

⑩ 查看统计信息。管理员可以查看各专业每门课程的统计信息,包括平均分、最低分、最高分等。

根据以上功能需求分析,设计系统用例图。学生选课系统用例图如图 12-1 所示。

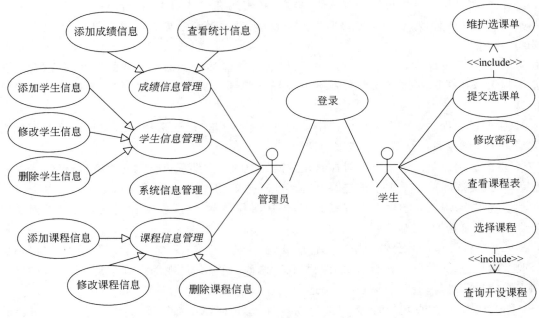

图 12-1　学生选课系统用例图

表 12-1 是对系统中"选择课程"用例的完整描述。

表 12-1　"选择课程"用例的完整描述

用例名称	选择课程
用例编号	U0101
参与者	学生
事件流	1. 当学生在菜单栏中单击"选课中心"时,此用例开始; 2. 学生在下拉列表中选择"学期"后单击查询; 3. 在课程列表中展示所选学期的全部课程; 4. 在课程列表中选择一门课程,将在课程详细信息列表中展示本门课程的详细信息; 5. 在课程详细信息列表中选中一门课程,单击"确认选择"; 6. 系统更新数据集中的选课单
前置条件	学生用户需要完成登录操作,并且对开课信息进行查询
后置条件	如果用例执行成功,则数据集中的选课单增加了一门课程;如果用例执行不成功,则系统状态不变

在学生选课系统中,"选择课程"用例的顺序图如图 12-2 所示。

2. 系统性能需求分析

(1) 响应时间。系统需要在 1～2 秒内响应用户的请求,包括窗口加载、搜索和筛选课程、提交选课等操作。

(2) 并发性能。系统需要同时处理多个用户的请求。

(3) 可扩展性。系统需要根据需求变化进行扩展。

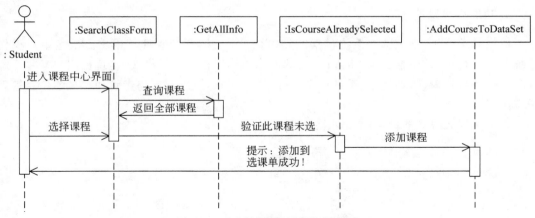

图 12-2　"选择课程"用例的顺序图

（4）可靠性。系统需要具备高可靠性，能够保证数据的完整性和一致性，避免系统崩溃或数据丢失。

（5）安全性。系统需要具备一定的安全性，包括用户身份验证、数据加密、权限控制等措施，以保护学生和课程信息的安全。

（6）数据库性能。系统的数据库需要高效地存储和检索大量的学生和课程信息，以支持快速的查询和操作。

（7）用户界面友好性。系统的用户界面应该简洁、直观，易于使用和导航，以提供良好的用户体验。

12.1.4　软件设计

1. 架构设计

学生选课系统采用三层架构设计，分为数据访问层（Data Access Layer，DAL）、业务逻辑层（Business Logic Layer，BLL）以及表示层（User Interface layer，UIL）。三层架构结构图如图 12-3 所示。数据访问层用于数据存储与数据访问操作；业务逻辑层包含与核心业务相关的逻辑流程，主要实现业务规则与业务逻辑；表示层主要完成与用户交互任务，并将相关数据提交给业务逻辑层来处理。业务实体主要用于封装实体类，实体类用于映射数据库的数据表，并在各层之间进行数据传递。

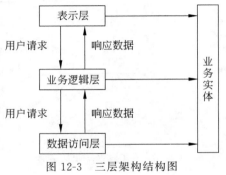

图 12-3　三层架构结构图

2．功能模块设计

根据需求分析，学生选课系统包括两类用户：学生用户和管理员用户。学生用户操作系统前台进行选课，包括登录、个人中心、选课中心和课程中心子模块；管理员用户操作系统后台进行信息管理，包括登录、系统信息管理、学生信息管理、课程信息管理和成绩信息管理子模块。

学生选课系统功能模块图如图 12-4 所示。

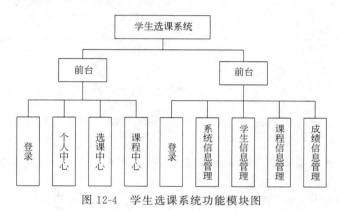

图 12-4　学生选课系统功能模块图

3．数据库设计

（1）概念结构设计。

学生选课系统有管理员、学生和课程等实体。学生选课系统实体关系图如图 12-5 所示。学生与课程之间具有多对多的关系。

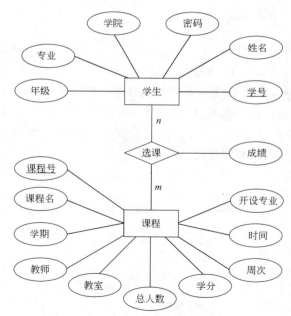

图 12-5　学生选课系统实体关系图

（2）逻辑结构设计。

学生选课系统采用 MySQL 数据库，名称为 StudentCource，其中共有 4 个数据表，分别是学生信息表、管理员信息表、课程信息表、成绩信息表。

① 学生信息表。学生信息表用来存储学生的相关信息，包括姓名、学号、密码、学院、专业和年级等字段，数据表结构如表 12-2 所示。

表 12-2　学生信息表（students）

字　段　名	数　据　类　型	允　许　空　值	字　段　说　明
stuName	varchar(30)	否	姓名
stuNum	varchar(30)	否	学号（主键）
stuPwd	varchar(30)	否	密码
stuDepart	varchar(50)	否	学院
stuMajor	varchar(50)	否	专业
stuGrade	varchar(30)	否	年级

② 管理员信息表。管理员信息表用来存储管理员的账号信息，包括用户名和密码等字段，数据表结构如表 12-3 所示。

表 12-3　管理员信息表（managers）

字　段　名	数　据　类　型	允　许　空　值	字　段　说　明
mgrNum	varchar(20)	否	用户名（主键）
mgrPwd	varchar(20)	否	密码

③ 课程信息表。课程信息表用来存储开设课程的详细信息，包括课程号、课程名、学期、教师、教室、总人数、学分、周次、时间和开设专业等字段，数据表结构如表 12-4 所示。

表 12-4　课程信息表（courses）

字　段　名	数　据　类　型	允　许　空　值	字　段　说　明
courseNum	int	否	课程号（主键）
courseName	varchar(30)	否	课程名
courseTerm	varchar(30)	否	学期
courseTeacher	varchar(15)	否	教师
courseRoom	varchar(30)	否	教室
coursePerson	varchar(10)	否	总人数
courseCredit	varchar(9)	否	学分
courseWeeks	varchar(30)	否	周次
courseTime	varchar(30)	否	时间
courseMajor	varchar(30)	否	开设专业

④ 成绩信息表。成绩信息表用来存储学生所选课程的成绩信息,包括选课号、学号、学期、课程号、课程名和成绩等字段,数据表结构如表 12-5 所示。

表 12-5　成绩信息表(scores)

字 段 名	数 据 类 型	允 许 空 值	字 段 说 明
selNum	int	否	选课号(主键)
stuNum	varchar(30)	否	学号
courseTerm	varchar(30)	否	学期
courseNum	varchar(30)	否	课程号
courseName	varchar(30)	否	课程名
scores	int	是	成绩

12.1.5　软件实现

下面对主要功能的窗口设计和功能代码进行详细描述。

1. 登录功能实现

登录窗口如图 12-6 所示。选择"身份"为学生或者管理员,输入"用户名"与"密码"后,单击"登录系统"进行登录;单击"退出系统"退出学生选课系统。

图 12-6　登录窗口

登录功能表示层代码如下。

```
1    private void loginButton_Click(object sender, EventArgs e)
2    {
3        string userName=usertxt.Text;
4        string password=pwdtxt.Text;
5        if(string.IsNullOrEmpty(userName) || string.IsNullOrEmpty(password))
6        {
7        MessageBox.Show("用户名或密码不能为空","提示",MessageBoxButtons.OK,
     MessageBoxIcon.Information);
         a)  return;
```

```
8          }
9          if(studentRadioButton.Checked==true)
10         {
11          Student stu=StudentBLL.GetStudent(userName,password);
12          if(stu==null)
13            {
14                MessageBox.Show("用户名或密码错误","提示",MessageBoxButtons.OK,
   MessageBoxIcon.Information);
15            }
16          else
17            {
18                RoleManager.curStu=stu;
19                this.Hide();
20                Form form=new Form();
21                form.Show();
22            }
23          }
24         else if(marRadioButton.Checked==true)
25         {
26          Manager manager=ManagerBLL.GetManager(userName,password);
27          if(manager==null)
28            {
29                MessageBox.Show("用户名或密码错误", "提示", MessageBoxButtons.OK,
   MessageBoxIcon.Information);
30            }
31          else
32            {
33             RoleManager.curMgr=manager;
34             this.Hide();
35             mainForm mainForm=new mainForm();
36             mainForm.Show();
37            }
38         }
39         else
40         {
41          MessageBox.Show("请选择您的身份");
42          return;
43         }
44  }
```

2.选择课程功能实现

选择课程功能界面如图 12-7 所示。学生可以选择学期查看当前学期所开设的全部课程,页面下方将显示用户单击课程的详细信息,单击"确认选课"即可成功选课,如果选课成功,则提示"添加到选课单成功!",如果选课失败,则提示"选课失败,请重试!";单击"取消"则取消当前操作,重新进行选课。

选择课程功能表示层代码如下。

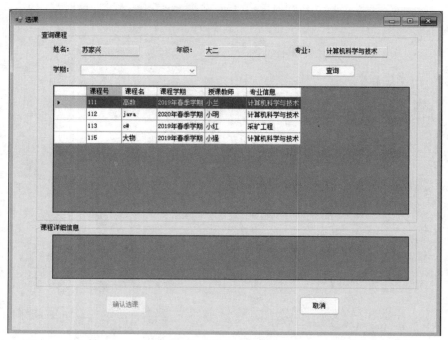

图 12-7 选择课程功能界面

```
1    private void btnSure_Click(object sender, EventArgs e)
2      {
3          DataGridViewRow selectedRow=dgvSearchCourse.SelectedRows[0];
4          string courseNum=selectedRow.Cells[0].Value.ToString();
5          string courseName=selectedRow.Cells[1].Value.ToString();
6          string stuNum=BLL.RoleManager.curStu.stuNum;
7          DataTable courseTable=CourseManager.GlobalDataSet.Tables["scores"];
8          bool isAlreadySelected=CourseManager.IsCourseAlreadySelected
     (courseTable, stuNum, courseNum);
9          if(isAlreadySelected)
10          {
11              MessageBox.Show("此课程已选,请选择其他课程!");
12              return;
13          }
14         bool addResult=CourseManager.AddCourseToDataSet(courseTable,
     courseNum, courseName, stuNum);
15         if(addResult)
16          {
17              MessageBox.Show("添加到选课单成功!");
18          }
19         else
20          {
21              MessageBox.Show("选课失败,请重试!");
22          }
23      }
```

3. 提交选课单功能实现

提交选课单功能界面如图 12-8 所示。学生可以查看已选课程,并对已选课程进行删除等维护操作,单击"提交"按钮,若提交成功,则系统提示"提交选课单成功!",并跳转到课程表界面。

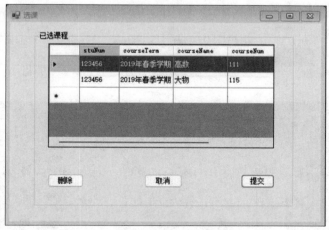

图 12-8　提交选课单功能界面

提交选课单功能表示层代码如下。

```
1    private void btnSubmit_Click(object sender, EventArgs e)
2      {
3        DataTable courseTable=CourseManager.GlobalDataSet.Tables["scores"];
4        if(courseTable.Rows.Count>0)
5        {
6           bool addResult=CourseManager.UpdateDataSet(CourseManager
     .GlobalDataSet, "scores");
7           if(addResult)
8           {
9              MessageBox.Show("提交选课单成功!");
10             this.Hide();
11             class_scheduleForm form=new class_scheduleForm();
12             form.Show();
13          }
14          else
15          {
16             MessageBox.Show("提交选课单失败,请重试。");
17          }
18       }
19       else
20       {
21          MessageBox.Show("没有要提交的课程数据。");
22       }
23    }
```

4. 查看课程表功能实现

查看课程表功能界面如图 12-9 所示。学生可以查看正式提交选课单中课程的课程号、课程名、课程学期、授课教师、课程教室等课程信息。

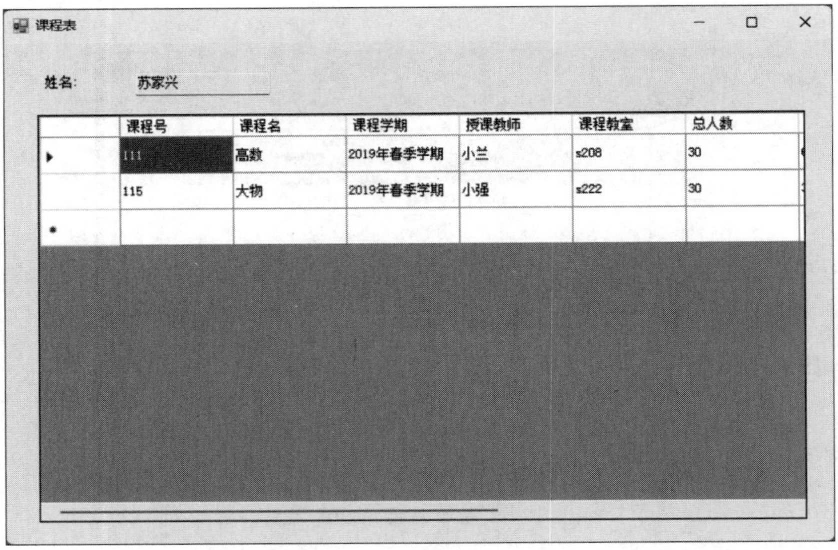

图 12-9　查看课程表功能界面

查看课程表功能表示层代码如下。

```
1    private void class_scheduleForm_Load(object sender, EventArgs e)
2    {
3        this.BringToFront();
4        txtName.Text=RoleManager.curStu.stuName;
5        string stuNum=RoleManager.curStu.stuNum;
6        List<string>courseNumList=CourseManager.Course(stuNum);
7        DataTable dt=new DataTable();
8        dt.Columns.Add("课程号", typeof(string));
9        dt.Columns.Add("课程名", typeof(string));
10       dt.Columns.Add("课程学期", typeof(string));
11       dt.Columns.Add("授课教师", typeof(string));
12       dt.Columns.Add("课程教室", typeof(string));
13       dt.Columns.Add("总人数", typeof(string));
14       dt.Columns.Add("学分", typeof(string));
15       dt.Columns.Add("课程周次", typeof(string));
16       dt.Columns.Add("上课时间", typeof(string));
17       dt.Columns.Add("专业", typeof(string));
18       foreach (string courseNum in courseNumList)
19       {
20           DataTable courseDetails=CourseManager.GetCourseDetails(courseNum);
21           if(courseDetails!=null && courseDetails.Rows.Count>0)
22           {
23               dt.Rows.Add(courseDetails.Rows[0].ItemArray);
```

```
24              }
25          }
26          dgvCourse.DataSource=dt;
27      }
```

5. 添加成绩功能实现

添加成绩功能界面如图 12-10 所示。管理员通过单击单元格后,可在"成绩"的文本框中输入成绩,单击"提交"按钮后会显示提交成功提示信息。

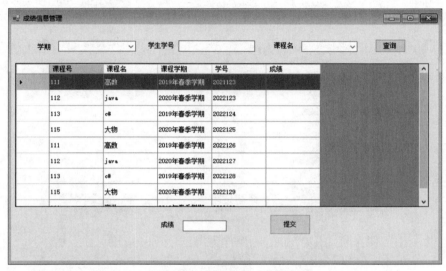

图 12-10　添加成绩功能界面

添加成绩功能表示层代码如下。

```
1   private void btnSubmit_Click(object sender, EventArgs e)
2   {
3       if(verifyScore()==false)
4       {
5           return;
6       }
7       string score=txtScore.Text;
8       string courseName=cmbCourseName.Text;
9       string stuNum=txtStuNum.Text;
10      Scores s=new Scores();
11      s.stuScores=Convert.ToInt32(score);
12      s.courseName=courseName;
13      s.stuNum=stuNum;
14      if(ScoreManager.updateScore(s))
15      {
16          MessageBox.Show("提交成功!");
17      }
18      else
```

```
19              {
20                  MessageBox.Show("提交失败,请检查信息是否正确!");
21              }
22          DataTable dt2=ScoreManager.getScoreInfo();
23          dgvScore.DataSource=dt2;
24      }
```

6. 修改课程信息功能实现

修改课程信息功能界面如图 12-11 所示。管理员通过修改文本框中内容,单击"修改"按钮时,可对课程信息进行修改。

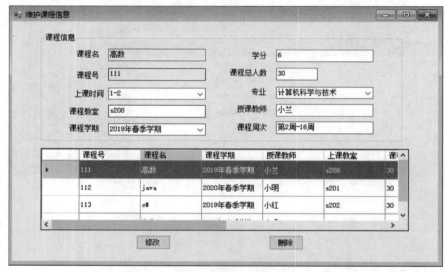

图 12-11　修改课程信息功能界面

修改课程信息功能表示层代码如下。

```
1   private void btnModify_Click(object sender, EventArgs e)
2       {
3       Course course=new Course();
4       course.CourseMajor=cmbCourseMajor.Text;
5       course.CourseWeeks=txtCourseWeeks.Text;
6       course.CoursePerson=txtCoursePerson.Text;
7       course.CourseNum=Convert.ToInt32(txtCourseNum.Text);
8       course.CourseCredit=txtCourseCredit.Text;
9       course.CourseName=txtCourseName.Text;
10      course.CourseRoom=txtCourseRoom.Text;
11      course.CourseTeacher=txtTeacher.Text;
12      course.CourseTerm=cmbCourseTerm.Text;
13      course.CourseTime=cmbCourseTime.Text;
14      if(CheckData())
15          {
16              if(CourseManager.UpdateCourse(course))
```

```
17              {
18                  MessageBox.Show("修改成功");
19                  DataTable dt=CourseManager.GetCourseInfo();
20                  dgvCourse.DataSource=dt;
21              }
22          else
23              {
24                  MessageBox.Show("修改失败");
25              }
26      }
27  }
```

7.删除学生信息功能实现

删除学生信息功能界面如图 12-12 所示。管理员单击"删除"按钮,将弹出消息框。若管理员单击"确定"按钮,则实现删除学生信息;若管理员单击"取消"按钮,则关闭当前消息框。

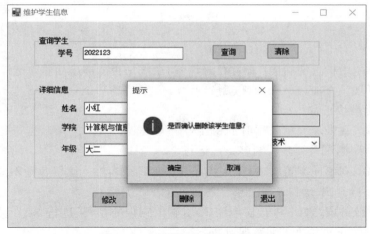

图 12-12 删除学生信息功能界面

删除学生信息功能表示层代码如下。

```
1   private void btnDelete_Click(object sender, EventArgs e)
2   {
3       if (MessageBox. Show ( " 是 否 确 认 删 除 该 学 生 信 息?", " 提 示 ",
    MessageBoxButtons.OKCancel, MessageBoxIcon.Information)==DialogResult
    .OK)
4       {
5           Student student=new Student();
6           student.stuNum=txtStuNum.Text;
7           if(StudentBLL.DeleteStudent(student))
8           {
9               MessageBox.Show("成功删除该学生信息");
10              txtStuNum2.Text="";
```

```
11                txtName.Text="";
12                cmbCollege.Text="";
13                cmbMajor.Text="";
14                cmbGrade.Text="";
15            }
16            else
17            {
18                MessageBox.Show("删除失败");
19            }
20        }
21    }
```

12.1.6　软件测试

（1）测试用户登录功能：输入正确的用户名和密码，系统是否能够成功登录。

（2）测试学生查看课程表功能：登录后，系统是否能够显示学生已选的所有课程的课程表。

（3）测试学生维护选课单功能：选择课程，提交选课单，系统是否能够成功添加选课记录。

（4）测试学生维护选课功能：删除已选课程，系统是否能够成功删除选课记录。

（5）测试管理员添加、查看、修改、删除课程、学生信息功能：使用管理员账号登录，测试各项管理功能是否正常运行。

（6）测试系统在处理大量数据时的稳定性和可靠性：输入大量数据进行测试，如添加大量学生、课程等，测试系统是否能够正常运行。

（7）测试系统在不同浏览器、操作系统和设备上的兼容性：使用各种不同的浏览器、操作系统和设备进行测试，确保系统能够在各种环境下正常运行。

（8）测试系统的安全性：进行安全测试，如输入错误的密码、进行 SQL 注入等攻击，测试系统是否能够防止恶意攻击和数据泄露。

🔑 12.2　民主测评系统

12.2.1　系统背景

民主测评系统是一种用于评价单位和人员的能力、态度和业绩的软件，它通常在组织部门考察和评价时使用。使用民主测评系统可以提高单位和人员评价的客观性、准确性和公正性。

在民主测评系统中，评价对象通常包括单位和人员等，评价内容涵盖德、能、勤、绩等多方面。评价过程可以采用打分、问卷调查等形式，评价结果用于选拔任用、绩效考核等决策。

12.2.2　系统分析

1.系统功能需求分析

（1）登录功能：用户输入账号与密码后进行登录。

（2）管理用户功能：用户可以添加、修改和删除用户信息。

（3）管理单位信息功能：用户可以添加、修改、删除和查询单位信息，也可以下载单位信息模板，然后从 Excel 文件中批量导入单位信息。

（4）管理人员信息功能：用户可以添加、修改和查询人员信息，也可以下载人员信息模板，然后从 Excel 文件中批量导入人员信息。

（5）新增测评表功能：用户根据生成测评表向导创建新的测评表。

（6）管理测评表功能：用户可以删除、修改和查询测评表。

（7）新增测评项目功能：用户根据生成测评项目向导创建新的测评项目。

（8）启动测评项目功能：用户启动测评项目后，将生成测评二维码。

（9）测评功能：测评人员通过扫描二维码参与测评。

（10）下载测评文件功能：用户可以下载测评文件，包括原始票和结果统计文档。

2.系统性能需求分析

民主测评系统的性能需求涉及多方面，需要在系统设计、开发和部署过程中充分考虑这些需求，以确保民主测评系统的有效运行和良好的用户体验。民主测评系统的性能需求主要包括以下几方面。

（1）系统稳定性：民主测评系统需要保证在各种操作和应用场景下都能保持稳定运行，避免因系统故障或性能问题导致的评价过程受阻或数据丢失。

（2）数据安全与可靠性：民主测评系统需要确保评价数据的安全性和可靠性，采用加密技术、访问控制等手段，防止数据泄露、篡改或丢失。

（3）系统可扩展性：民主测评系统应具备良好的可扩展性，能够根据业务需求和数据量的增长进行系统升级和优化，满足不断变化的评价需求。

（4）用户体验：民主测评系统需要提供友好的用户界面和便捷的操作方式，让用户在评价过程中能够轻松上手，提高用户满意度。

（5）可定制性：民主测评系统需要具备一定的可定制性，能够根据不同组织和部门的评价需求，灵活调整评价指标、方法和流程，满足多样化的评价需求。

12.2.3　系统建模

1.用例建模

民主测评系统用例图如图 12-13 所示。通过对系统背景和系统分析描述，得到系统的主要参与者是管理员，另外还有一个外部服务参与者是测评人员。

2.静态建模

民主测评系统类图如图 12-14 所示，包括 4 个实体类，分别为测评对象（TestObject）、测

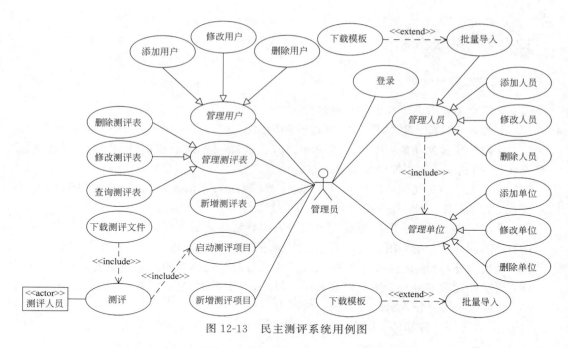

图 12-13　民主测评系统用例图

评表（Test）、测评项目（Project）和管理员（Admin）。测评单位和测评人员声明为一个实体类，使用 type 属性进行区分。如果 type 值为 1，表示单位；如果 type 值为 0，表示人员。

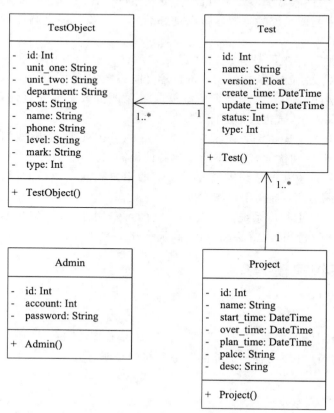

图 12-14　民主测评系统类图

3. 动态建模

用户在系统页面中操作后,页面向 Controller 类发送请求,并将数据传递给 Controller 类;Controller 类收到请求后,调用 Service 类;Service 类执行相应的方法;Mapper 类与数据库进行交互,实现对象的相应操作,操作成功后将返回数据库操作结果。

(1)"新增测评项目"用例的顺序图如图 12-15 所示。

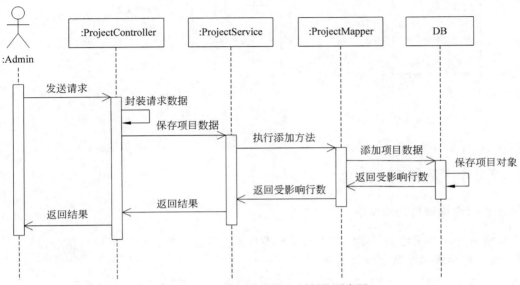

图 12-15　"新增测评项目"用例的顺序图

(2)"启动测评项目"用例的顺序图如图 12-16 所示。

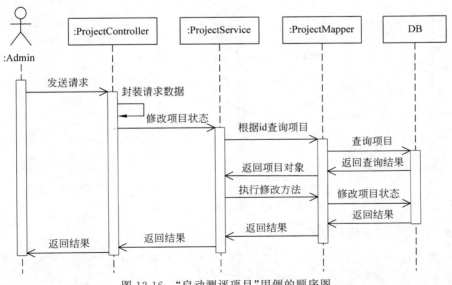

图 12-16　"启动测评项目"用例的顺序图

(3)"测评"用例的顺序图如图 12-17 所示。

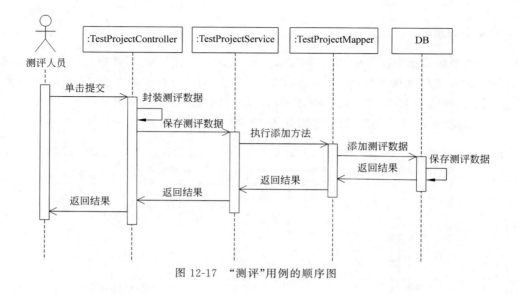

图 12-17 "测评"用例的顺序图

12.2.4 系统实现

1. 新增测评项目功能实现

新增测评项目页面如图 12-18 所示。管理员根据添加项目向导填写项目信息,单击"下一步"按钮可继续填写其他项目信息。

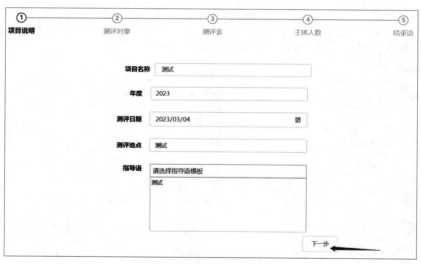

图 12-18 新增测评项目页面

新增测评项目功能代码如下:

```
1    public Result save(@RequestBody Project project,HttpServletRequest request)
2    {
3        try {
4            project.setOperate("{1=true, 2=true, 3=false, 4=true,5=true,
6=true,7=true,8=true}");
```

```
 5              Integer id=projectService.addProject(project, request);
 6              log.info(project.getId().toString());
 7              return Result.buildSuccessResultWithData(id);
 8          }
 9  catch (Exception e)
10  {
11              return Result.buildErrorResult("添加失败");
12          }
13  }
14  public Integer addProject(Project project, HttpServletRequest request)
15  {
16          project.setCreateTime(LocalDateTime.now());
17          project.setUpdateTime(LocalDateTime.now());
18          Integer adminId=(Integer) request.getSession().getAttribute("admin");
19          Admin byId=adminService.getById(adminId);
20          if(byId.getIsRoot()==0)
21          {
22              project.setUnitId(0);
23              this.save(project);
24              return project.getId();
25          }
26          project.setUnitId(byId.getUnitId());
27          this.save(project);
28          return project.getId();
29  }
```

2. 启动测评项目功能实现

启动测评项目页面如图 12-19 所示。管理员可以实时监控测评过程,查看未评价、未提交和已评价的人数,单击"结束"按钮可以停止测评。

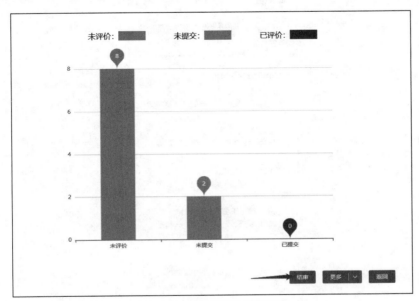

图 12-19 启动测评项目页面

启动测评项目功能代码如下:

```
1    public Result start(int projectId,int startMode)
2    {
3            projectService.startProject(projectId,startMode);
4            return Result.buildSuccessResult();
5    }
6    public void startProject(int projectId, int startMode)
7    {
8            Project byId=this.getById(projectId);
9            byId.setStatus(2);
10           byId.setStartMode(startMode);
11           byId.setUpdateTime(LocalDateTime.now());
12           byId.setStartTime(LocalDateTime.now());
13           byId.setSurplusTicket(byId.getTicket());
14           this.updateById(byId);
15           List<Integer>ids=projectMapper.findTestIdInProject(projectId);
16           for(Integer id:ids)
17           {
18               Test test=testService.getById(id);
19               test.setStatus(1);
20               testService.updateById(test);
21           }
22       }
```

3. 测评功能实现

测评页面如图 12-20 所示。测评项目启动后,参与测评人员可以在手机上进行测评。

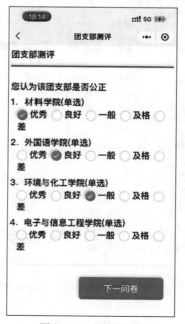

图 12-20   测评页面

测评功能代码如下：

```
1   public Result<ProjectDto2>findVoteData2(int projectId)
2   {
3       ProjectDto2 voteData2=projectService.findVoteData2(projectId);
4       return Result.buildSuccessResultWithData(voteData2);
5   }
6   public ProjectDto2 findVoteData2(int projectId)
7   {
8       ProjectDto voteData=this.findVoteData(projectId);
9       ProjectDto2 voteData2=new ProjectDto2();
10      BeanUtils.copyProperties(voteData,voteData2);
11      List<TestDimensionChooseObjectDto2>testDCOList=new ArrayList<>();
12      for(TestDimensionChooseObjectDto dto : voteData.getTestDCOList())
13      {
14        for(TestDimensionDto testDimensionDto : dto.getTestDimensionDtoList())
15        {
16        TestDimensionChooseObjectDto2 testDimensionChooseObjectDto2=new
    TestDimensionChooseObjectDto2();
17          testDimensionChooseObjectDto2.setId(dto.getId());
18  testDimensionChooseObjectDto2.setDimenName(testDimensionDto.getName());
19          testDimensionChooseObjectDto2.setDimeId(testDimensionDto.getId());
20          testDimensionChooseObjectDto2.setTargetName(testDimensionDto.
    getTargetName());
21          testDimensionChooseObjectDto2.setType(testDimensionDto.getType());
22          List<TestDimensionDto2>testDimensionDto2s=new ArrayList<>();
23          for(TestObjectVO testObjectVO : dto.getTestObjectVOList())
24          {
25              TestDimensionDto2 testDimensionDto2=new TestDimensionDto2();
26              estDimensionDto2.setChooseDto(testDimensionDto.getChooseDto());
27              BeanUtils.copyProperties(testObjectVO,testDimensionDto2);
28              testDimensionDto2s.add(testDimensionDto2);
29          }
30  testDimensionChooseObjectDto2.setTestDimensionDto(testDimensionDto2s);
31  testDCOList.add(testDimensionChooseObjectDto2);
32        }
33      }
34  voteData2.setTestDCOList(testDCOList);
35      return voteData2;
36  }
```

12.2.5 系统测试

下面分别对主要功能模块描述测试用例设计。

1. 登录功能测试

测试用例 1：输入正确的用户名和密码，系统显示登录成功。
测试用例 2：输入错误的用户名或密码，系统显示登录失败信息。

测试用例 3：用户名为空，系统显示提示信息。

测试用例 4：密码为空，系统显示提示信息。

2．新增测评项目功能测试

测试用例 1：输入正确的项目信息，系统保存成功。

测试用例 2：输入错误的项目信息，系统提示错误信息。

测试用例 3：保存成功后，系统分页显示项目信息列表。

3．启动测评项目功能测试

测试用例 1：管理员单击启动按钮，项目状态更新为启动。

测试用例 2：项目启动后管理员可以监控测评过程。

4．测评功能测试

测试用例 1：测评人员填写全部测评内容后提交，系统提示成功信息。

测试用例 2：测评人员填写部分测评内容后提交，系统提示错误信息。

测试用例 3：测评人员不填写测评内容后提交，系统提示错误信息。

5．系统性能测试

测试用例 1：同时进行多个用户登录操作，系统响应正常。

测试用例 2：同时进行多个民主测评操作，系统响应正常。

测试用例 3：同时多人进行民主测评操作，系统响应正常。

参 考 文 献

[1] 贾铁军,李学相,贾银山,等. 软件工程与实践 [M]. 4 版. 北京：清华大学出版社,2022.

[2] 郑人杰,马素霞,等. 软件工程概论[M]. 3 版. 北京：机械工业出版社,2023.

[3] 吕云翔,等. 软件工程理论与实践[M]. 2 版. 北京：机械工业出版社,2022.

[4] 李代平,杨成义,等. 软件工程习题解答[M]. 4 版. 北京：清华大学出版社,2017.

[5] 吕云翔. 实用软件工程[M]. 2 版. 北京：人民邮电出版社,2020.

[6] 吕云翔,赵天宇. UML 面向对象分析、建模与设计[M]. 2 版. 北京：清华大学出版社,2021.

[7] 陆惠恩. 实用软件工程 [M]. 4 版. 北京：清华大学出版社,2020.

[8] 梁立新,郭锐. 软件工程与项目案例教程[M]. 北京：清华大学出版社,2020.

[9] 刘振华. 软件工程与 UML 项目化实用教程 [M]. 2 版. 北京：清华大学出版社,2020.